NF文庫
ノンフィクション

新装解説版

日本軍の小失敗の研究

勝ち残るために 太平洋戦争の教訓

三野正洋

潮書房光人新社

約五〇倍の国力を有するアメリカに対して戦争を仕掛けたことは日本の〝大失敗〟でしたが、国力の差とは異なった部分に着目し、〝小失敗〟のかずかずを検証したのが本書になります。

帝国陸海軍がいかに小失敗を繰り返したのか、実例をあげて詳しく解説しています。テスト飛行場が無い海軍の軍用機工場、独自にエンジンを始動することができない陸軍戦闘機など興味深い話が満載です。

まえがき

1

日本が加害者と被害者の両方の立場を同時に体験した大戦争に幕が降りてから、半世紀が過ぎようとしている。この間、アジアの各地と太平洋をめぐって争われた戦いによって、少なくとも一〇〇〇万人の生命が失われた。

この、後に〝太平洋戦争〟と呼ばれる戦いの様相は、無数ともいえる映像、写真、出版物により広く伝えられている。

しかし、我が国においては、その悲惨な状況と戦争の責任問題のみが表面に押し出され、戦争に至った原因の究明や敗因の分析がおざなりにされているような気がしている。

どうも日本人の一般的な性格として叙情的な感情が優先し、冷徹な究明や分析は苦手とするものらしい。

反戦、平和の叫び声にけっして反対するものではないが、このような声だけでは戦争、紛争の勃発は阻止できないことは歴史が繰り返し証明している。

これはたとえば、次のような点である。

鹿児島県の知覧町には、太平洋戦争末期にこの航空基地から生還を考えない体当り攻撃に出発していった青年たちを忘れぬための『知覧特攻平和会館』が作られている。

そして、館内には見学に訪れた小、中、高校生からの感想を記した手紙と共に、数万羽の折鶴（千羽鶴）が飾られているのである。

純心な青少年の、戦争に散った人々への想いは充分に理解できるし、千羽鶴を折ることにより何としても戦争に反対しようとする気持が心に刻み込まれれば、それはそれで貴重な体験といえよう。

しかし――。戦争反対の決意の表明、そして千羽鶴を折ることがそのまま平和の維持に結びつくか、と問われれば現実はそれほど単純ではない。

一部の勢力からの非難を覚悟で言えば、鶴をいくら折ろうが、そのようなことではいだろうか。

戦争は防げない。それだけの時間と労力を〝過去の歴史の研究〟に当てるべきではな

もっと具体的に、

一、戦争はなぜ起きるのか

二、それを阻止するためにはどのような手段をとるべきか

三、万一、戦争、紛争に巻き込まれた場合、被害を最少に抑えるためにはどうすれ
ばよいのか

四、戦争が起こらぬ世界とはどのようなものなのか

といった点を、明確に学ばなくてはならない。

日本の場合、戦争は悲劇である、戦争は悪であるといった考えだけが強調され、冷
静な分析を忘れる傾向が強いのである。

太平洋戦争が終了して半世紀がたち、幸運にも我が国は戦争と無縁にすごしてくる
ことができたが、昭和二五年からの朝鮮戦争（朝鮮動乱）、昭和三七年のキューバ危機、
平成六年の北朝鮮（朝鮮民主主義人民共和国）核疑惑事件などを思い出せば、いくつか
戦争の危険にさらされていたとも言い得る。

つまり、戦争はわれわれが日頃感じているよりも、かなり間近に迫っているという

証明でもある。

それゆえに政府はきちんとした危機管理体制を確立し、また国民は戦争について学ばねばならない。

これはけっして軍事力の拡大とか軍国主義の復活を意味するものではなく、戦争の回避を目的としたものなのである。

戦争を「人類を襲う疾病（しっぺい）」と見るとするなら、

○それにかからないためにはどうすればよいのか

○もしかかったならば、いかに軽くすませるか

というふたつの命題に対処するために、日頃から勉強を怠らないことが肝要である。病気も戦争も人を傷つけ、ときには死にいたらせしめる。したがって、どちらも人類にとって永遠に闘いつづけなければならない強敵なのである。

そうであれば、その敵について学ぶことは当然ではあるまいか。本書は、そのための一助になればと考え執筆したものである。

ここでは、五〇年前まで実質的に日本という国のほとんどすべてをその手に握り、国民の生命、財産まで左右する力を持っていた〝日本軍〟という巨大な組織の「失敗」について語っている。

2

さて、太平洋戦争時の日本の軍隊の犯した戦略的な失敗については、軍事専門家六人の手によって書かれた、『失敗の本質　日本軍の組織論的研究』（戸部、寺本・ほか　中央公論社）が一九九一年に刊行されている。

この内容に関しては、第一章六節の沖縄戦に関する部分を除いて、ほぼ同意できる。『失敗の本質』は、専門家が長時間議論を重ねた上での著作だけに充分な説得力を持つが、その反面、大局的な見地からのみ、失敗を論じている傾向がある。

当時の人口、生産力を見れば、日本とアメリカが全面戦争に突入した場合、我が国がどのような手を打っても最終的に敗れることは誰の目から見ても明らかである。

したがって、あまりに広い視野に立ってしまうと、『失敗の本質』は次のひと言で終わる。つまり、

「日本の失敗の本質は、人口で二倍、生産力では――算出の方法によって異なるが――一〇ないし五〇倍というアメリカおよびイギリスに、全面戦争を挑んだこと」

がすべてなのであって、他のいかなる理由も枝葉末節にすぎない。

また『失敗の本質』の〝沖縄戦〟の評価の稿など、間違いなく言わずもがなである。戦争末期（昭和二〇年四月より）の沖縄戦にいたっては、彼我の戦力が数倍、数十倍に開いてしまっており、「日本軍が何ひとつ失敗を犯さずとも、結局敗れた」と結論づける以外にない。

とすると、前述の『失敗の本質』をより小さな局面で分析する方が、われわれの現在と未来にとって役立つのではあるまいか。それを具体化する意味から本書が書かれたことを、まず理解していただきたい。

ところで、前記の名著が存在するにもかかわらず、著者が同様のテーマに挑んだ目的は大きく分けて次の三点にある。それらは、

一、主としてアメリカ合衆国を中心とする連合軍と大日本帝国とのいわゆる〝物量〟の差を本書では考慮せず、あくまで物量以外のところで、敗れるべくして敗れた原因を追及していく。

二、いったん戦争となれば、それぞれの国民が軍隊と協力することは、いかなる国にあっても当然であろう。戦争の是否を国民が問える現代と異なり、当時は〝挙国一致〟体制がなによりも大切とされていた。

そうであれば、国民（ここでは民間人の意）の力をいかに有効に取り込むかが戦争の勝敗に大きく影響する。

日本の政府と軍部は、あれだけの大戦争において民間人の労力を利用することにのみ力を注ぎ、頭脳の活用を完全に怠った。これは形こそ違え、現代における日本政府と自衛隊の国民に対する姿勢にも密接につながっている。

ひと言で表わせば「軍事、戦争といった特殊な事柄については、専門家が絶対的に正しい」という、間違った考え方を打破することを目的としている。

三、戦争という愚挙も、見方を変えれば経済活動と同じとも言い得る。企業は市場の拡大と利益の追求に奔走する。また個人あるいはひとつの家庭にとっても、日々の生活はある意味で戦争である。

投資と市場の拡大、収入と支出は、そのまま兵力の投入と占領地の拡大、戦果と損害と考えられる。

もしこれが正しいとするならば、戦争、戦闘の勝敗の分析から、経済、生活に生かせる教訓は多々得られるはずである。このため、学びとるべき事柄を、それぞれの項目から拾い出してみることにした。

それでは次のステップとして、これらの三点についてもう少し説明を加えたい。

一、物量について

太平洋戦争開戦（昭和一六年一二月八日／一九四一年）時の日米両国の国力については、参考とする資料によって大きく異なる。

アメリカの統計資料はかなり正確に把握できるが、我が国のそれは秘密とされたものも多く、なんともはっきりしない。

しかし、各種年鑑などをもとに調べていくと、一応の目安として次のような数字が得られる。いずれも日本を〝一〟としたときのアメリカの数値として、人口二、国土面積一五（日本には満州国を含む）、国民総生産GNP一二、一人当たりの所得一八（倍）となる。

工業、軍事用にもっとも重要な石油にいたっては、生産量（輸入を含む）は三二であった。

加えて船舶の建造量七、自動車の製造数五三、ラジオ四四、電話の普及三六。

食糧、工業原料などについては、日本がアメリカと同量を産するのはわずかに銅のみであった。

これらをすべて考慮したとき、日米の国力の差は少なくとも一〇倍、計算の方法によっては五〇倍と見られる。

これだけの差がある二つの国が戦争となったとき、どちらの側に凱歌が挙がるかは自明の理であろう。たとえ日本がいくつかの戦闘に勝ったとしても、最終的な勝利にはけっして結びつかない。

しかし本書においては、前述のごとくこの物量差には触れないことにしたい。これを考慮するなら、すべての敗因の分析は無意味となる。

それは現実の問題として小国が大国に、中小企業が大企業に充分対抗して生き延びてきた歴史が存在するからである。

二、部外者、門外漢、素人の重要性と、専門家絶対視の打破

あらゆる分野において専門家がその中心となることは当然である。広い意味での科学が進歩すればするほど、専門家、プロフェッショナルは重要視される。

それはけっして間違っていないのだが、

ａ、専門家が常に正しく

ｂ、将来を正確に見通し

ｃ、かつ、広い視野を持っている

と思い込むには危険が大きすぎる。

部外者、門外漢の意見、考え方が前記ａ、ｂ、ｃの三項目についてプロを凌いだ例

は、第二次世界大戦中にはじつに多く見られた。そして時によっては、それが戦争の行方を左右した事実さえあったのである。

欧米の軍部は、国家の危機に当たって民間人の頭脳を実に有効に活用した。

これに対し、日本の軍人は常に「素人に何がわかるか」という姿勢を変えようとはしなかった。

現代の日本にあっても、この「専門家絶対視の思想」とも呼ぶべきものの悪弊は、強く残っている。

これが生み出すところのマイナス面は、本文中で何回となく言及していくつもりである。

三、戦争の敗因から学びとるために

日中戦争を含む太平洋戦争で、我が国はどれだけの損害を受けたのだろうか。

これまた資料によって数字は大きく異なるが、概数としては戦死、死亡者のみを数えて二五〇万人といったところであろうか。

また戦乱のさいの食糧、薬品の不足による間接死者まで加えれば、四〇〇万人に達するかも知れない。

日本のアジア各地への進出／侵略による犠牲者の数は、多分この数倍とみられる。

物資的損失もまた大きく、直接戦費五六〇億ドル以外に民生関連として一八〇億ドル相当分を失っている。

これを代償として、我が国は一九四五年から半世紀にわたる繁栄を手に入れたと言えなくはない。

しかし、悲惨な戦争から学びとるべきものは、まだまだ大量に残っている。そのいくつかを本書で取り上げ、日々の生活に生かしていくべきではないか。

とくに強調しておきたい事柄は、

「敗者の側にこそ教訓は多く残っている」

という事実である。

この点を頭に置きながら、最初の〝失敗の研究〟に取りかかろう。

日本軍の小失敗の研究——目次

第三部

写真提供／雑誌「丸」編集部

日本軍の小失敗の研究

――勝ち残るために　太平洋戦争の教訓

第一部

1

日本陸軍の無謀

　太平洋戦争における日本の敗北の第一の原因を挙げるとすれば、まず陸軍による国力を越えた戦線の拡大にある。

種々の理由はあろうが、太平洋戦争勃発の数年前の状況を見ても、

○日中戦争＝昭和一二年七月から継続中

○ソ連との国境紛争

張鼓峰事件＝昭和一三年七月
ノモンハン事変＝昭和一四年五月
その後も緊張状態がつづき、大兵力を配備する。
○仏印進駐＝昭和一五年九月
フランス軍およびベトミン軍との小競り合い
といった紛争を、日本陸軍は引き起こしていた。

これらの概要を説明すると、まず中国の二つの組織（国民党政府、共産党およびそれぞれの軍隊）との戦争は泥沼化しており、日本軍は一一〇万平方キロ（日本の国土の三倍）の地域で二〇〇万名以上の敵と闘いつづけていた。

そして、六〇万名の兵力を張り付けていたにもかかわらず最終的な勝利は望めず、一年ごとに二万から四万人の戦没者、五万から一二万人の負傷者、戦病者を出しつづけていたのである。

一方で中国軍と闘いながら、はるか北ではソ連軍／モンゴル軍と対峙をつづけ、それは張鼓峰、ノモンハンにおいて軍事衝突へと発展する。

張鼓峰では三コ連隊（一コ連隊は三五〇〇ないし四五〇〇名の兵士からなる）規模の戦闘で、一五〇〇名の戦死者が出た。

次のノモンハンの場合、空軍、機甲部隊まで参加する大軍事衝突にまで発展した。規模は三コ師団（一コ師団は約一・五万名）が投入され、闘いは約一ヵ月つづく。そして日本軍は次第に押され気味になり、一コ師団がほぼ全滅、死者行方不明は一万名を大きく上まわり、負傷者は二万人に達した。

加えて中国東北部に配備された機甲部隊、砲兵部隊の半数が失われている。

このような実状に眼もくれず、陸軍は仏印（当時のフランス領インドシナ、現ベトナム）に兵を進める。フランス本国がナチス・ドイツによって敗れたスキを狙っての進であった。

駐日フランス大使は、一応これを認めたが、現地では無傷で残っていたフランス軍／ベトナム現地軍との間で、小規模の衝突がはじまっていた。

繰り返すが、太平洋戦争の直前、日本陸軍は、

一、中国大陸で国府軍／共産軍と
二、中国東北部でソ連軍／モンゴル軍と
三、インドシナ半島でフランス軍／ベトナム軍

と戦争をしていたのである。

そしてアメリカとの戦争がはじまれば、イギリス、オーストラリア、ニュージーラ

ンド、インド、オランダ、カナダは、すぐに対日宣戦を布告するはずである。

いかに友邦ドイツの力が大きいといっても、現実にはイタリアを交えた三ヵ国で、世界を相手に戦わなくてはならない。

万一、そのような事態になるのなら、少なくとも中国との戦争に結着をつけておくべき、とは考えなかったのであろうか。

日中戦争では、日本陸軍が局地的な勝利をつづけてはいたが、いっこうに終わる気配は見えなかった。

当時にあっても、中国は日本と比べて人口が六ないし八倍、面積は二五倍という大国である。この国の軍隊を完全に撃破し、全土を占領するなど夢のまた夢にすぎない。

日本がたとえ一〇〇万の兵員を送ったところで、中国の国土は九六〇万平方キロもあるから、一〇平方キロに日本兵一人という密度になる。これではとても占領などといえる状態ではないのである。

結局、日本軍は、多くの歴史家の言うとおり、点(町、村)と線(道路、鉄道)の、それもごく一部を支配しただけであった。

またほとんど知られていないが、日中戦争における日本軍の人的損害はきわめて大きかった。

もっとも正確度の高い厚生省の記録によると、

昭和一二年　死傷者四万一〇〇〇名（第二次上海事変の分を含む）

昭和一三年　死傷者五万三〇〇〇名

昭和一四年　死傷者一三万一〇〇〇名（ノモンハン事変の分を含む）

昭和一五年　死傷者八万二〇〇〇名

昭和一六年（一〇月まで）五万六〇〇〇名

となっている。

つまり太平洋戦争勃発前の五年間、一年当たりの死傷者数の平均は七万三〇〇〇名近いのである。当時にあって日本陸軍は、常備兵力の七パーセントの損害を毎年のように出しつづけていた。

この犠牲者数がいかに大きいものであるか、次に示すアメリカの戦争と比較してみるとよく理解できる。

アメリカの戦死者は、

○第二次世界大戦

参戦期間一九四一年一二月～四五年八月

戦死者四五万人　負傷者一〇八万人

○朝鮮戦争
参戦期間一九五〇年六月～五三年七月
戦死者五・四万人　負傷者一六万人
○ベトナム戦争
参戦期間一九六一年～七三年一月
戦死者五・八万人　負傷者一五万人
（戦死者には事故、病死を含む。国防省の発表／ワールド・アルマナック）

である。

これに対して昭和一二年七月から、一六年一一月までの日中戦争の戦死者は約一五万人、負傷者は五〇万人にのぼるものと思われる。

言い換えると、日中戦争における日本軍は死傷者数から見るかぎり、朝鮮、ベトナム戦争より数段激しい戦争をつづけながら、その一方で対米戦に傾いていったのである。

これほど無謀な戦略があり得るだろうか。

唯一似たような例が、アドルフ・ヒトラー率いるナチス・ドイツ第三帝国に見られる。

イギリスおよびその連邦（カナダ、オーストラリア、ニュージーランド、南アフリカ、インド）と闘っており、その結着がついていないにもかかわらず、ドイツは人口からいっても二倍の東の大国ソビエトに攻め入ったのである。

一九四一年六月、この知らせを受けたイギリスのW・チャーチル首相が思わず漏らした言葉、

「我が方にとっての真の秘密兵器は、ヒトラーそのものである」

は、まさに真実を突いていた。

この言葉の意味は説明するまでもなく、イギリス、ソ連という二つの大国を同時に相手とする二正面作戦を立案、実行し、みずから国力を削減した男の存在を指している。

そしてその後、日本の対米宣戦布告を知った国民政府軍の蔣介石、中国共産党の毛沢東、周恩来といった指導者たちは、チャーチルと同じ感想を持ったに違いない。日本の最高指導部こそ、中国にとって最高の秘密兵器だと……。

このようにして、大日本帝国は滅亡への道を歩みはじめるのであった。どうにも収拾のつかなくなった中国との戦争の責任を回避し、それを対米全面戦争という形で転嫁しようとした当時の我が国の上層部（とくに陸軍の首脳）は、日本の歴史に現われた最悪の人々といえるのである。

2
補給について

補給の軽視という悪弊

だれが最初に口にしたのかわからないが、日本陸軍には次のような戯歌があった。

「輜重、輸卒が兵隊ならば、蝶蝶、蜻蛉も鳥のうち（あるいは、電信柱に花が咲く）」

いずれも旧陸軍の呼び方で、輜とは衣類を乗せた車、重とは荷物を載せた車の意である。

また輜重兵と言えば、輜重を用いて輸送に従事する兵士、あるいは部隊を指す。輸卒は、より古い言い方で、輜重兵と同義語（正確には、輜重の指揮下となる）と思えばよい。

大正時代の陸軍では「輸卒」として使われており、昭和初期には輜重輸卒、のちに輜重特務兵という呼び方となる。

このような言葉の詳しい説明はともかく、いずれも輸送任務の兵、部隊と覚えておけば充分であろう。

先の戯歌こそ、歩兵、砲兵といった戦闘部隊の兵士たちが、補給、輸送部隊を低く見た証拠とも言えるのである。

戦争において後方支援、物資輸送が勝敗を決定した例も多いのに、日本陸軍では創設から滅亡まで、常に補給を軽視していた。

戦闘が少しでも長引けば、弾薬の不足はすぐに表われる。食糧、医薬品が充分になければ、戦力はすぐに低下してしまう。

この事実は、子供でも理解できると思えるのだが、旧日本陸軍では士官から普通の兵士までが、この輸送任務を兵種のもっとも下に置いていたようである。

現地の最高指揮官が補給手段をまったく考慮せずに大作戦を発動し、四万人以上の死者を出してしまったのが、昭和一九年三月からはじまり、四ヵ月つづいた〝インパール作戦〟であった。

太平洋戦争においてもっとも糾弾されるべきこの作戦の概要は、次のとおりである。

インパールとは、インドとビルマ（現ミャンマー）の国境にある人口四万（一九四五年）の町の名である。

一応インド領ではあるが、この地域はマンプル連邦政府という独立の組織が統治していた。

町の標高は八〇〇メートル、二本の街道を除けば、周囲は低いが険しい山々、緑深い森林となっている。

ビルマに駐屯していた日本陸軍第一五軍（三コ師団、兵員約一二万人）は、インド東部の占領を目的としてこの町を目指した。

のちに三万人の餓死者を出して失敗に終わるインパール作戦の目的自体が、なんとも明確ではない。

ヨーロッパを出てアジアとの境であるカフカス（黒海とカスピ海との中間）まで進出していたドイツ軍とインド西部で手を結ぶ、あるいはインド独立の志士チャンドラ・ボースに協力して在印英軍を駆逐する、といった当時にあっても夢物語に近い目標を、作戦の立案者は考えていた。

また、いわゆる援蔣ルート（インド、ビルマを経由した連合軍の中国国民政府軍への援助ルート）の遮断という目的をもってはいたが、本気でこれを実行するためには、アジア大陸南部の密林を七〇〇キロも進まねばならない。

ドイツ軍との握手
インドの独立支援
援蔣ルートの遮断

といった目的を達成するためには、わずか十数万の兵力では完全に不足している。

大体、昭和一九年（一九四四年）の三月といえば、ドイツ軍は退却につぐ退却を重ね、アジアから完全に追い払われていた。

インパール作戦の本当の目的はこのいずれでもなく、たんに陸軍の活躍振りを国民に示すことにあったのではないか、と推察してしまうのである。

太平洋戦争中期以後、休む暇もなく闘いつづけている海軍に比べて、陸軍の出番が少ないことを首脳部は憂慮していた。

このためビルマからインドに進攻するという一見華々しい作戦を行ない、陸軍の存在を誇示するのが、インパール作戦の最大の目的であったのではなかろうか。

ともかく第一五軍の三コ師団の兵士たちは、持てるだけの弾薬、わずかに二、三週間分の食糧を携え、鬱蒼たるジャングルに分け入った。

重火器、戦車などは皆無に近く迫撃砲、歩兵砲、重機関銃が主要な兵器である。それもほとんどがトラックではなく、人の肩や馬の背で運ばれた。

第一五軍司令部は、インパール占領まで二週間、ながくとも一ヵ月で作戦は終了すると予測していたようである。

また、日本陸軍の特質として、補給の手段はほとんど考慮されておらず、食糧は現地で調達できるとされていた。

しかし、いったん日本軍がインパールを目指して動きはじめると、イギリス／インド第一軍団は激しく反撃した。

北方のコヒマ、南東のタム（地名）などでは、森の中あるいは小さな集落で、日、英、インドの兵士たちが至近距離で死闘を演じた。

最初のうち、ほとんどすべての地域で日本軍が英印軍を圧倒していた。

とくにコヒマをめぐる戦闘では、日本軍歩兵の接近戦によってイギリス、インド連合軍は少なからぬ損害を出し、全面後退を考えたほどである。

しかし、この山場を乗り切ると、戦局は少しずつ英印軍に有利となっていく。

イギリス、オーストラリア、アメリカ軍が大量のダグラスC47輸送機を投入して、物資の空輸、空中投下を開始したからである。

四月の第二週、英印軍は空中投下だけでも八〇〇トンを越す補給品を受けることができた。

インパールへ向け進軍する陸軍部隊——補給を無視したインパール作戦は、餓死者3万を出して惨憺たる失敗に終わった

これ以後、余裕のでてきた連合軍は、日本軍の後方を爆撃しはじめただけではなく、小部隊を落下傘降下させ、もともと小規模の日本軍補給部隊を攻撃する。

前述のとおり、日本軍の補給手段は、人力と馬匹に頼った細々としたものにすぎない。このためイギリス軍の妨害がなかったとしても、けっして充分とは言えなかった。

五月に入ると、第一線で闘う兵士たちは、食糧も弾薬も不足しはじめ、次第に英印軍に押し返される。

そして一〇数万の日本軍兵士は、食糧もないまま密林の中をさまよい歩く状況に置かれてしまうのである。

この頃には補給は完全に途絶え、飢え死にする者が戦闘による死者を上回るようになった。それにより、のちにインパール、コヒマ周辺の道は〝白骨街道〟と呼ばれるのである。

広大な常緑樹の森林、一〇〇パーセント近

い湿度、数日間も降りつづく雨、無数の毒蛇や虫の類が、食糧もなく体力の衰えた日本兵を襲った。

結局、インパール作戦は無惨な失敗に終わる。

参加した兵も一二万人のうち半数近くが帰らなかったが、その七〇パーセントが餓死、病死であった。

このインパール作戦の敗因については、一にも二にも補給の手段を考えず、大作戦を実行したことに尽きる。

個々に挙げれば、英印軍の戦力が予想より大きかったこと、参加兵力の中心的存在であった第三三師団が敵の捕捉に失敗したこと、第三一師団が独断で撤退したことなどいろいろ考えられる。

戦いのあと、現地軍の上層部はこの第三一師団の〝独断退却〟が敗因だと強弁した。これなど笑止の極み、あるいは責任転嫁の典型であろう。

食糧、弾薬が底をついた状態で、いかにして闘えばよいのか、第一五軍司令官牟田口廉也に問うてみたいものである。

同じように餓死者、病死者が続出した戦場に、昭和一七年八月から開始されたガダルカナルの闘いがある。

この南太平洋に浮かぶ四国ほどの島で日米両軍が死闘を繰りひろげ、アメリカ兵四七〇〇人、日本兵二万人が死んだ。日本軍の死者のうち半数が餓死、病死であり、この点からはインパールと同様である。

けれどもガダルカナルの場合、日本陸軍、海軍が必死に補給を行なった。結果としてアメリカ軍の阻止攻撃が成功し、ガダルカナル島は餓島（ガにかけた餓死者の島）といった状況に追い込まれたのである。

他方、インパールの場合には、後方の司令部が補給支援に努力した痕跡がほとんど見当たらない。

将軍や参謀たちは安全地帯にいて、ただただ督戦を命じるだけであった。

当時のビルマ（およびインドシナ半島）では大戦闘ははじまっておらず、物資もとくに不足しているわけではなかった。

それにもかかわらず第一五軍の司令部は、本気で前線の部隊に補給を行なおうとしなかったのである。

司令官の牟田口は過敏な神経の持ち主で、日頃から持ち歩いている鞭で自分の幕僚さえ叩くような男であった。

そのためもあって、部下は意見を述べることを控えていたと言われる。したがって、補給手段の強化といった進言も、一人として言い出す者がいなかった。

そしてそれが、数万人という餓死者につながったのである。

しかしそれ以前に、この稿の最初の戯歌が、第一五軍の将官、佐官の心の中にあったのではないだろうか。

多くの欠点を内包していたとしても、海軍は、陸軍よりも補給、後方支援ということについては真剣であった。

陸軍の場合、常に、

「兵隊がいて、小銃と弾さえあれば戦争はできる」

と考えていたようである。そしてまた、歩兵の突撃によってすべての敵を圧倒できると信じていた。

この考え方は、太平洋戦争でもまったく変わっていなかった。

日清、日露戦争の勝利さえ、冷静に分析すればそのすべてが薄氷の上を歩くようなものであった事実が理解できたはずである。

傲り高ぶった陸軍首脳は、それに気づかず前線の兵士に無用な犠牲を強いていた。

この誤りを繰り返さないために、近現代におけるもっとも古い戦争（日清戦争）と、現在の自衛隊の一断面を取り上げよう。

日清戦争における補給

日本陸軍が充分な補給なしに戦闘を行なった例は、なにも太平洋戦争の期間だけのことではない。

近現代における最初の対外戦争となった日清戦争（一八九四年七月〜九五年四月）でも、日本は補給を考慮しないまま戦闘に突入した。

そのひとつの典型的な闘いが、開戦二ヵ月後の平壌（へいじょう）（現ピョンヤン）攻防戦である。

これは野津道貫（のづみちつら）率いる第五師団一万六〇〇〇名が、清国軍一万三〇〇〇名と二日間にわたって闘い、平壌を占領した闘いとして知られている。

戦場は朝鮮半島であって、清の領土に踏み込んだわけではないが、遼東半島の戦闘とともに最大級の陸戦となった。

第五師団はこの戦闘に関して、わずかに二日分の食糧（主として乾燥米・糒（ほしい））と弾薬を持っただけであった。そして、後方からの補給組織を持たないまま闘ったのである。

野津はこの事実を知っていたので、強襲につぐ強襲を命じた。

時間は清国軍に有利であったから、ともかくひた押しに攻める以外に手はないのである。

この戦術は効を奏し、日本軍は清兵を駆逐、平壌を占領する。

清国軍は日本軍より優れた兵器を多数持っており、また補給は充分あったにもかかわらず戦闘意欲は低く、多くの戦死者を残したまま潰走した。

このとき、真偽のほどはわからないが、興味深い逸話が残っている。

第五師団だけでは兵力不足と考えた大本営の首脳部は、増援として第三師団の派遣を決定した。

これを知った第五師団の兵士たちは、喜ぶどころか、明らかに迷惑といった表情を示した。

第三師団はこれまた充分な食糧を持たずにやってくるはずで、そうなれば自分たちの分を分け与えてやらなくてはならない。

それでなくても不足気味の食糧がますます減ってしまう、というわけである。

戦争は我々だけで間に合っているから、第三師団は動かずにいてほしい。これが前線の兵士たちの偽らざる気持であった。

これほどの状況に陥らせたのは、日本の陸軍である。

清国との戦争が決定的になっても、陸軍首脳は第一線の部隊への補給、支援に関心を払わなかった。

さすがに武器、弾薬の類は輸送したものの、食糧、衣類、薬品は現地調達としたのである。加えて輸送手段（牛馬、荷車）まで、部隊が独自で入手することを命じた。

そのため釜山、元山、仁川など朝鮮の港に上陸した日本軍が最初に手がけたのは〝徴発〟（民衆から人手や物を強制的に取り上げ、軍隊のために使うこと）である。

突然やってきた外国の軍隊に、家畜から労働力、食糧を奪われれば、朝鮮の人々が反発を覚えるのは当然であろう。

日清戦争の全期間にわたり、日本軍はこの行動を繰り返し、反日感情を拡大させていったのであった。

日清戦争時、九連城を占領した日本軍──補給の軽視は日清戦争でも例外ではなく、食糧、衣類等は現地調達を旨とした

前線の部隊への補給という面から見ると、

戦国時代の武将の方が日本陸軍の将官よりはるかに優れていた事実がはっきりする。

甲州の武田、美濃の織田、三河の徳川軍などは、戦闘部隊と同数の荷駄（馬の背で荷物を運ぶ）輸送隊を組織し、これを支援していた。

戦争の勝利が――その規模が大きくなればなるほど――補給に依存するという事実を、日本陸軍は最初から忘れ去っていた。

しかし、それにもかかわらず日清戦争は日本側の勝利に終わったではないかとの反論もあろう。それに対する再反論は、日本軍の死傷者数によって示される。

食糧不足からくる栄養失調、病気、脚気、そして最悪の衛生設備、病院施設、薬品の不足。

これらの理由で多数の兵士が犠牲となったのである。別項の記述と重複するが、日清戦争に関しては、
戦死　一一三〇名　病死一万一九〇〇名
戦傷　四五三〇名　病人（重症）六万七六〇〇名
という数字が、すべてを語っているのである。

つまり、病死者が戦死者の一〇倍、病人が戦傷者の一五倍も出ている。

このひとことを見ても、日清戦争における陸軍の指導者たちが、補給を軽視してい

たのは明らかである。

現在の自衛隊において、この分野がどの程度重要視されているか分からないが、少なくとも同じ轍を踏まぬよう見まもって行きたいものである。

しかし、補給、輸送手段については現在でもいくつかの危惧が指摘されている。そのひとつが、自衛隊の保有するトラックの老朽化による数の不足である。

平成六年末、某全国紙が次のような記事を一面に掲載した。

陸上自衛隊のトラックの老朽化が進み、代替の車両も揃わない。そのため大規模の演習のさいには、隣り合う部隊からの貸し借りで急場をしのいでいる、というのである。

これが真実であれば、陸自は旧軍の失敗をそのまま踏襲していることになる。

戦車、自走砲の類は不足しても闘えるが、トラックがなければ部隊の移動さえままならないではないか。

トラックは全輪駆動型でも一台約二〇〇〇万円以下であろう。一台一〇ないし二〇億円の九〇式戦車を二、三台削れば五、六〇〇〇台のトラックはすぐに揃うのである。

新聞記事が事実とする前提に立つならば、補給、輸送の軽視はなんら変わっていないように思えるのである。

また人的に見ても、成績優秀な者が補給部門の長になるよう配慮すべきである。

自衛隊の役割の重要な任務が、国際的な平和維持活動、大規模災害の救援、支援作業となりつつある現在、この分野こそ最良の人物に任されなくてはならない。

たびたび繰り返すが、日本陸軍は第一線の戦力増強に熱心ではあっても、それを維持していくための補給には大して関心を持たないままに戦いつづけた。

見方によっては、これが旧日本軍の最大の欠点であったと言えるかも知れない。それは言い変えれば、兵士一人一人を大切にしていなかった事実にもつながるのである。餓死者を出すほどではないが、現代においても遠隔地で闘う自国の軍隊への補給に失敗し敗れ去った大国の例がある。一九七九年末から八八年七月までつづいたアフガニスタン戦争におけるソ連軍が、その好例である。

鉄道は皆無、道路事情も最悪の、そして日本の一・八倍の国土に十数万の大軍を配備し、神出鬼没のイスラムゲリラと闘う事態を招いた。

侵攻直後、戦車、砲兵はもちろん多数のヘリコプター、ジェット攻撃機を持つソ連のアフガン遠征軍は、軽火器しか持たないゲリラに圧勝するものと予想された。

しかし、戦いが少し長引くと、すぐに補給が作戦の障害となることがわかる。旧ソ連邦タジキスタン国境からアフガン最南部の主要都市カンダハルまで一四〇〇キロ、そして幹線道路はわずか二本しかない。

アフガニスタンは石油をまったく産出しないから、輸送に従事する航空機もトラックも帰りの燃料を確保しておかなければならない。

重要かつ緊急の物資、人員は航空輸送で行ない、他のものは陸路を運ぶ。

もともと経済的に豊かとはいえないソビエトにとって、航空輸送はあまりに費用がかさみすぎる。

また鉄道がないので、輸送手段としては大量のトラックを投入する以外に方法はなかった。

このトラック輸送隊は、砂漠や山岳地帯でたびたびゲリラの襲撃対象となって、大損害をこうむってしまった。

一五年近くつづいたベトナム戦争は、別名〝ヘリコプターの戦争〟と呼ばれたが、アフガンはこの意味から〝トラックの戦争〟であった。

戦車、装甲車に守られていても、大トラック部隊の側面は弱い。

ソ連軍の輸送隊は前線の兵士への補給に懸命な努力をつづけたが、それにも限界があった。そして個々の戦闘には勝利を重ねるが、時間とともに国力は削減されていく。

これが最終的にアフガンからのソ連軍の撤退につながった。

ソ連という大国にとっても、異国に駐留する十数万（最大一四万、平均一二万人）の兵士に充分な補給をつづけるのは困難だったのである。

このひとことを見ても、補給というものの重要さ、そしてその遂行には莫大な費用と労力を要することがわかる。

今後、日本の自衛隊のＰＫＯ活動は次第に活発化していくはずである。そのさい、現地の状況の詳細な観察と同時に、実行に当たっては徹底的な補給、輸送手段の検討が必要であろう。

3

統一化、標準化の失敗

その１　戦闘機の機関銃／砲の口径と装備数の問題

太平洋戦争の日本軍の単発、単座戦闘機の種類は、主要なものだけを取り上げると、
陸軍　六機種

海軍　四機種

となる。もっとも古いタイプである陸軍の九七式、海軍の九六式はいずれも固定脚であったが、昭和一七年には第一線から次第に姿を消していく。

日本の戦闘機は一般的にいって、機体の工作精度、搭載機器、信頼性などは欧米の第一線級戦闘機に多少劣っていたようだが、航続力、運動性能はそれらを凌駕していた。

しかし、ここでは「統一性を欠く」一例として、戦闘機に装備されている機関銃、機関砲に眼を向けて、アメリカの戦闘機と比較してみよう。

それも銃/砲自体の性能ではなく、装備の種類を中心に考えてみる。

戦闘機に取り付けられる銃/砲は、世界各国ほぼ共通で、ごく一部の大口径砲（三七ミリなど）を除けば、七・七ミリ、一二・七ミリ、二〇ミリ口径である。ソ連では七・九ミリ、二三ミリといったものも見られるが、前述の三種類が九五パーセントを占める。

当然のことながら、口径が小さい場合には、

一、威力が小さく、射程が短い

二、携行弾数が多く、単位時間当たりの発射弾数は多い

というプラスやマイナス面がある。口径を大きくしていくにしたがって反対の結果

となるのである。

この三種の口径の火器の組み合わせをどうすべきか、技術者と用兵者は頭を絞る。

同一の機種（英国のホーカー・ハリケーン）でありながら七・七ミリ×八門、あるいは二〇ミリ×四門などとまったく異なる装備をしたものさえ現われた。

日本戦闘機の武装を見ていくと、次のようになる。

○陸軍の戦闘機の武装

九七式戦闘機　七・七×二門
一式（一型）　七・七×二門
　（二型）　一二・七×二門あるいは七・七、一二・七ミリ各一門
二式　七・七×二門
　一二・七×二門
三式（一型）　一二・七×四門
四式（甲型）　一二・七×二門
　二〇×二門
五式　一二・七×二門
　二〇×二門

○海軍の戦闘機の武装

九六式　七・七×二門

零式（二一型）　七・七×二門

二〇×二門

（五二乙）　七・七×一門

一三・七×一門

二〇×二門

他の〝雷電（J2M）〟〝紫電改（N1K2-J）〟は、二〇ミリ機関砲×四門。

このように、三種類の口径の火器が混じり合って装備されていた。なかでも有名な海軍の零式艦上戦闘機（いわゆるゼロ戦）の五二型乙というタイプの場合、

七・七ミリ機関銃　一門

一三・七ミリ機関銃　一門

二〇ミリ機関銃　二門

と、一機に三種類の火器となる。

機関銃／砲の弾丸には普通弾、焼夷弾、炸裂弾、徹甲弾、曳光弾といった、それぞれに威力、効果の異なるものがあるから、用意するにも大変な手間と時間を要する。

それが七・七、一二・七、二〇ミリと三つの口径ごとに存在するのだから、その煩わしさはよく理解できるのである。

つまり、用意する弾丸の種類は、口径三種、弾種四～五種となる。

とくに一日二度、三度と出撃するような激戦となれば補給、整備する者の負担は限りなく大きなものとなろう。

一方、アメリカは一九三八年（昭和一三年）に、陸海軍の軍用機搭載火器の統一化をはかっている。

当時、アメリカ空軍は独立していなかったから、陸海軍を統一すればよい。なお、独自の航空部隊をもつ海兵隊（ＵＳＭＣ）は、海軍に属する。

アメリカ陸、海軍の単発戦闘機の主要なものは、

陸軍　四機種（あるいは六機種）

海軍　三機種（あるいは四機種）

であった。これらの武装を日本機と比較すると、

陸軍機

カーチスＰ40　　　一二・七ミリ×六門

リパブリックＰ47　　一二・七ミリ×八門
ノースアメリカンＰ51　　一二七ミリ×六門
ベルＰ39　　三七ミリ×一門および一二・七ミリ×四門
となり、Ｐ38エアロコブラ以外は、一二・七ミリ機関銃で統一されていることがわかる。より徹底していたのがアメリカ海軍で、
グラマンＦ４Ｆ　ワイルドキャット
グラマンＦ６Ｆ　ヘルキャット
ボートＦ４Ｕ　コルセア
の主力戦闘機のすべてが一二・七ミリ四門ないし六門となっていた。一部に二〇ミリとの混用もあるにはあるが、生産数の九〇パーセントが同じ口径の火器を搭載している。

こんなところにも兵器の統一性を計ろうとした努力がうかがえ、それは製造数の増加、整備、部品交換の容易性にもつながっていることはあまりに明白である。

ふたたび日本側に目を向けよう。
日本の陸海軍の反目と対立、そして互いを無視する体質は、思わぬところにも弊害

をもたらしていた。

陸海軍の二〇ミリ機関砲の弾丸は、同じ口径でありながら、規格が異なっているため共用不可能なのである。一方の側で機関砲が故障し、もう一方で弾丸が不足しているとき、互いに融通し合うことができない。

日本の陸海軍の航空部隊が、同じ戦場で協力して闘った事例はいくつか見られる。この場合、二〇ミリ機関砲の規格が異なっているなど信じられぬ失態であり、戦力の向上を大きく阻害したに違いない。

第一線で闘う兵士たちは、この現実をどのように考えたのであろうか。

アメリカの工業界は、早くから陸海軍の規格統一（MILスペックという）に動いていた。それはANスタンダードとなって実を結ぶ。Aは陸軍（Army）、Nは海軍（Navy）の頭文字であり、スタンダード（Standard）は標準化を示す言葉である。

前述の戦闘機用一二・七ミリ機関銃は、「AN・M2、一部にM3」と呼ばれた。つまり陸軍、海軍で共用される2型機関銃の意味である。

加えてＡＮ・Ｍ２は、陸海軍はもちろん海兵隊、沿岸警備隊にいたるまで導入された。

用途は歩兵部隊、戦車搭載、対空用、船舶用と多種多様である。

このため大量に生産され、それにともなってこれまた大量の予備部品も用意された。

もちろん価格も大幅に低下する。したがって故障の修理、消耗部品の補給にもまったく不便を感じなかったに違いない。

第二次大戦のアメリカ軍の機関銃／砲は、ＡＮ・Ｍ２だけといっても過言ではないのである。

豊かな国が兵器の統一化に努力し、貧しい国の軍隊が雑多な種類の兵器を装備する。

日本だけではなく、ドイツでさえも規格の統一化、標準化という点からは、連合軍側に大きく水をあけられていたのは事実であった。

統一化、標準化の問題に日本の陸海軍が眼を向けなかったことから、多くの弊害が生まれ、それは日本軍の戦力を——表面には出ない形ながら——弱めていた。

しかし、これは現代にいたるも本質的に理解されていないような気がする。

戦後に至ってＪＩＳ（日本工業規格）で統一されたかに見えていても、真の意味での統一化、標準化ではなかった。

それは、このふたつの言葉に加えて、「できるところは共通化する」という観点を忘れているからである。

一例を挙げれば、平成三年においてあるメーカーの乗用車（一車種）に、三十八種類のハンドルが用意されていた。

色、形など少しずつ違っているが、消費者、購入者はそのようなことを望んでいたのだろうか。

また、同じ状況は家庭の電化製品にもあり、ひとつのメーカーで二二六種類のテレビを作っていたとの資料もある。

異なる種類のものを少しずつ作れば、手間も時間もそれぞれに必要だから、必然的に価格は上がる。

豊かな社会が目指すところのひとつは、多様化であるのも確かである。しかし、それも行き過ぎれば、あまりに多くの無駄を生まざるを得なくなってしまう。

今後の世界の目指す指標のひとつは、

個人としての多様化

社会としての共通化ではあるまいか。

現在でも日本の工業規格JISと国際規格にはかなりの相違が見られ、政府は七年後をメドに統一をはかる努力をつづけている。

その2　開戦時の陸海軍主力戦闘機

日本がアメリカ、イギリスなどを相手に開戦に踏み切ったとき、まず最初に敵とまみえるのは戦闘機である。

当時の日本軍では、空軍が独立していなかったから、陸海軍がそれぞれ、

○陸軍航空部隊
○海軍航空部隊

を持っていた。列強各国を見ていくと、イギリス、ドイツ、ソビエト、イタリアが独立した空軍を保有し、アメリカは日本と同様に陸海軍に組み込まれていた。

さて、開戦時に我が国の陸海軍はどの程度の戦闘機を保有していたのだろうか。資料によっても異なるが、概数として、

陸軍六五〇機、海軍七二〇機

一式戦闘機「隼」——加藤隼戦闘隊の名で歌にまで謳われた陸軍の花形だが、構造的な欠陥により火力が限定されていた

と見ればよいのではないだろうか。

問題はその中味である。

海軍については、

最新鋭の三菱零式戦闘機五四〇機（七五パーセント）

すでに旧式の三菱九六式戦闘機一八〇機（二五パーセント）

となっていて、新鋭機が主流であった。

零式戦闘機は〝ゼロ戦〟の愛称をもって知られ、太平洋戦争全期間にわたって活躍する。空母での運用実績もあって、まさに準備万端といった状況である。

これと対照的に、完全に準備不足なのが陸軍戦闘機隊である。

すでに旧式の中島九七式戦闘機／一六個戦隊五七六機（八九パーセント）

新型の中島一式戦闘機〝隼〟／二個戦隊七二機（一一パーセント）

の割合である。この一式戦七二機の内訳も、すぐに使えるものは四八機にすぎなかった。つまり新型、かつ実戦投入可能な戦闘機は全体のわずか七パーセントとなる。

零戦五四〇機がそろっている海軍と比較して、陸軍戦闘機隊の弱体ぶりは信じられないのである。

零戦——1万機以上が生産されたが、もし陸軍も採用していたら、陸軍の戦闘機保有数はかなり増加したものと思われる

海軍はすでに一年以上前から零戦を実戦に投入しているが、隼はまったくの初陣になる。

ここで共に新鋭の零戦、一式戦隼の初飛行の日を見ていくと、

零戦　昭和一四年四月
隼　　昭和一四年一月

と隼の方が三ヵ月ほど早い。ところが、両機とも開発は順調であったのに、これだけの差はどのような点から出てしまったのであろうか。

このひとつの原因は、昭和一二年からはじまっていた中国との戦争にあった。

いわゆる日中戦争において、その主役は陸軍であり、海軍は脇役にすぎなかった。そのために陸軍は大きな負担を強いられてしまい、戦闘機など新兵器の開発が遅れたといわれている。

また、九七戦の評価があまりに高かったため、一時〝隼〟の開発を中断するという不手際も重なってしまった。

しかし、それならそれで陸軍はその事実を認め、開戦の時期を遅らせるべきであった。

つまり日本陸軍は、

㈠、その八割が旧式機で構成されている戦闘機隊を主力とし

㈡、一度も実戦に投入したことがない新型戦闘機に頼って

欧米の航空先進国の空軍に立ち向かったのである。いかに海外の新しい技術に無関心な陸軍といえども、

○ドイツ　メッサーシュミットBf109

○イギリス　ホーカー・ハリケーン
　　　　　スーパーマリン・スピットファイア

○アメリカ　カーチスP40ウォーホーク

グラマンF4Fワイルドキャット
○イタリア　フィアットG50フレッチア
○ソビエト　ポリカルポフI16チャイカ
○フランス　モラン・ソルニエMS406
の列強の主力戦闘機が、すべて引込脚に代表される新型であることを知っていたはずである。

それにもかかわらず、数十機しかそろっていない一式戦隼をもって、アメリカ、イギリスに戦いを挑むという、まさに「井の中の蛙(かわず)、大海を知らず」以外のなにものでもあるまい。

古い航空マニアたちがたびたび口にした、
「陸軍は（わずかに）隼四〇機で、対英、米戦争に突っ走った」
との嘲りを含んだ言葉は真実なのである。

また昭和一四年五〜八月のソ連との国境紛争ノモンハン事変において、陸軍戦闘機隊は圧倒的な数の敵機によって苦戦を強いられた。

ソ連軍は常に三ないし五倍の戦闘機をそろえ、緒戦の一時期を除いて次第に日本軍航空部隊を圧迫したのである。

陸軍の中隊長クラスのパイロットの戦死者は十数名にのぼり、危機的な状況となった。
それさえも、事変が終了するとともにすぐに忘れられてしまったようである。

さて、一時的にはイギリス、オーストラリア空軍機と対等に闘い、流行歌（加藤隼戦闘隊）にもなった一式戦だが、構造的があったことはあまり知られていない。

これは主翼の強度を受け持つ主桁が三本からなっている点にあった。

この構造のため、主翼に機関銃／砲が装着できないのである。したがって火器の取り付け場所としては、機首上面しかなく、数としては二門のみに限定される。

我々アマチュアの航空マニアが考えても、主桁が三本もあればそこに機関銃を取り付けられないのは当然である。

これを設計者も、また性能（仕様）を要求する軍人も、まったく考慮しなかったとはなんとも信じ難い。装着位置からいっても、機首上面より主翼の方が整備がやり易く携行弾数も増やせるのである。

航空機の設計の段階で、陸軍の関係者は誰ひとりこのような設計に言及しなかったのであろうか。時の日本の航空技術が欧米のそれに劣らなかったとする人々も多いが、このひとことをもってしても頷くのは難しい。

軍用機のすべてに関して言えば、ごく少数の例外を除いて、陸軍は海軍に及ばなかったと評価する以外にない。

新鋭機一式戦がこの有様ならば、零戦をそのまま陸軍の主力戦闘機として採用した方が戦局に寄与したのではあるまいか。

そこで二機の要目を次に掲げ、どれだけの差があるか検討してみよう。

空母着艦用のフックの有無と武装を除けば、寸法、エンジン出力、性能はもちろん、スタイルさえそっくりなのである。

対戦したアメリカ軍パイロットもしばしば混同していることからも、いかに両機が似ているかがわかる。

	零戦二一型	隼一型
全幅（m）	一二・〇	一一・四
全長（m）	九・一	八・八
翼面積（㎡）	二二・四	二二・〇
自重（トン）	一・七	一・六
総重量（トン）	二・三	二・一
発動機名	栄一二型	ハ二五

最大出力（Hp）	九四〇	九五〇
最大速度（km／h）	五一〇	四九〇
上昇力（m／分）	八八五	九三〇
上昇限度（m）	一〇三〇〇	一一二〇〇
航続距離（km）	一九〇〇	一六三〇
武装（ミリ門数）	七・七×二 二〇×二	七・七×一 一二・七×一
初飛行（昭和）	一四年四月	一四年一月

（注）隼はキ－45Ｉ型、データは資料によって多少異なる。

このように見ていくと、――陸海軍の対立を知るだけに夢のまた夢にすぎないが――貧しい日本としては、戦闘機の一元化が望ましかった。

零戦と一式戦が完成した昭和一四年の初夏にでも両機の性能比較テストを実施し、どちらか一方に決定する。そしてその後、大量生産に移るのである。

最初から一機種に絞って開発を進めるのはリスクが大きすぎるから、やはり競争試作が理想的である。

ただし、その後は一機種を選んで増産、予備部品を大量に揃える。

これが戦力増強の早道であろう。

この戦闘機の陸海軍（あるいは空軍、海軍）の一元化は、
○国力に余裕のあるアメリカは考慮せず。ただしベトナム戦争時の主力戦闘機（マクダネル・ダグラスF4ファントムⅡ）では実現した。
○イギリスの場合は、海軍の航空戦力が小さかったこともあり、全戦闘機が空軍機の転用となっていた。

もし日本陸軍に少しでも度量があれば、攻撃力（二〇ミリ機関砲二門装備）に優れた零戦を採用すべきであった。

もちろん、陸軍機として使うために多少の改造は必要であろうが、数をそろえる点からは数段有利である。

戦争の全期間を通じて、零戦は一〇三八〇機、隼は五七五〇機製造されている。もし陸軍が零戦を採用していたら、生産開始の時期からみて少なくとも海軍と同じだけ（総数一万機、開戦時に五〇〇機）を準備できたと思われる。

結局、陸軍の硬直性が、戦闘機の保有数を減少させたといえなくもない。

その3　〝驚くべき無神経〟戦闘機のスロットル操作

大戦中の我が国の航空技術は、欧米のそれと比較して大きな遜色はなかったとしている分析が一般的である。

しかし、現実にはアメリカ、イギリス、ドイツのみが第一級の技術を持ち、それから一ランク下がって日本、ソビエト、イタリア、フランスがあると考えるべきである。唯一、戦闘機の開発に限ればこの差は小さく、なんとか前記三ヵ国に追随できたといってよい。

海軍向け戦闘機開発の三菱航空機

陸軍向け戦闘機開発の中島航空機

を中心に、設計者たちは日夜心血を注ぎ、高性能戦闘機の開発に取り組んだ。それによって零戦をはじめとする一流の機体が生まれたわけである。

その一方でほとんど知られていないが、信じられぬほどの設計の不手際がなんのチェックも受けずに製品化され、目に見えないところで操縦者に負担をかけていた事実もある。

ここではその代表的な例を示そう。

単座戦闘機の主要な操縦系統として、

○操縦桿　右手で握り昇降舵、補助翼を操作
○操作ペダル（フットバー）両足で方向舵を操作
○スロットルレバー（自動車のアクセルに相当）左手で操作
となる。ここで問題にしたいのは、スロットルレバーの操作である。

このレバーの形としては、
一、扇型のベースに沿ってレバーを前後に動かす
二、把手のついた鉄の棒を直線的に押し引きする
といった操作が一般的である。当時の戦闘機の場合、海軍では一のタイプ、陸軍では二のタイプが多い。

現在の軽飛行機では、比較的新しいものが一のタイプ、設計の古いものが二のタイプとなっている。

問題は日本陸軍の戦闘機である。

どの戦闘機も、スロットルレバーの鉄の棒（太い針金）を押したり引いたりしてエンジンの回転数を制御するのであるが、ここに大きな設計ミスが潜んでいた。

スロットル操作が機種によって正反対なのである。

ある機種はレバーを押し込むと、スロットルが開となり出力が上昇する。別の機種

はレバーを引くと出力が上昇。

全部の戦闘機について調査することはできなかったが、

九七式戦闘機と隼一型　引いて開
隼二型　二式　三式　四式戦　押して開
五式戦　引いて開

となっていたようである。

これでは生命を賭けた空中戦の最中に、パイロットが戸惑うのは当然である。戦闘機パイロットは、戦争の全期間を通じてすべて同一の機種に乗り組んで闘うわけではなく、何種類かを乗りこなさなくてはならない。

空中戦のさい、もっとも頻繁に使うスロットルレバーの操作が統一されていないとは、どういうことなのだろう。もちろん機種が変わるときに慣熟訓練を行なうはずだが、これではいざというときに正反対の操作をする者も出てくる。

この事実を知るとき、日本の軍用機の艤装（ぎそう）（組み立て後に必要な装備をほどこすこと）担当者は、いったいどのような神経を持っていたのか疑いたくなるのは、著者ばかりではあるまい。

スロットルの操作など、当然どの機種でも統一すべきであった。

我々があるメーカーの自動車を運転するとき、アクセルを戻すと出力が上がる構造になっていたら、とてつもなく恐ろしい。

それが陸軍の戦闘機では現実に起こっていたのであった。

私事にわたるが、著者は自動車が好き（運転も整備も）で、運転歴は三〇年を越えている。しかし、それでも同じ理由から操作にとまどうことがある。

所有する二台のドイツ製乗用車は、ともに左ハンドルのマニュアル・トランスミッション（M／T）付であるのだが、バックギヤ（正確にはリバース・ギア）の位置がH型ゲートを中央にして正反対なのである。それだけではなく、

四ドアセダン　右の端にあり、右に倒してから変速レバーの上部を押して手前へ倒す

二ドアスポーツ　左にあり、左へ倒してから押して手前に倒す

となっている。そのため二台を乗り継ぐたびに目で確認しないと、間違った操作をしてしまう。リバース・ギアだから頻繁に使うわけではないが、それでもときどきはミスをする。

操作が簡単な自動車でさえこうなのだから、戦闘機においてはなにをか言わんやである。

このような設計、艤装担当者の無神経さが、大事故を起こした事例がある。

第二次大戦直前、イタリア海軍の潜水艦が急速潜航に失敗し沈没した。艦内居住区へ大量の海水漏れがあり、乗組員は一人として脱出できずに死亡している。すぐに引き揚げ作業が行なわれたが、その後の調査で重大な設計上の欠陥が見つかった。

甲板上の防水ハッチのレバーの固定位置のほとんどが、「左へ倒して閉鎖、右へ倒して開放」とされていたにもかかわらず、二コのレバーだけが反対に動かす構造（右に倒して閉鎖）となっていた。

設計者としては、レバーの下に「開、閉」の文字を書き添え、注意をうながしてはあったのだが、急速潜航の訓練中にそれは見逃されてしまった。操作した者はレバーが全部左に倒れていたので、ハッチは完全に閉鎖されていると思い込んだのであった。潜航が開始されてしばらくすると、この部分から水が侵入し、その圧力でハッチ全体が吹き飛んだ。

大量の海水が一挙に流れ込み、潜水艦は沈没、死者は六〇名に及んだのである。

いかに「開閉」の表示があったとしても、乗員の頭の中には、

「潜航のさいにはレバーは左へ倒す」との思い込みがあり、たった二本だけが例外という指示は緊急訓練では忘れられてしまった。

これは直接には乗組員の操作ミスであるのは確かだが、本来なら重要な装置に間違いやすい設計をした技術者が責められるべきであろう。

いずれにしても、設計、艤装を担当する者は、使う人の立場に立って作業を進めなくてはならなかったはずである。

4

用兵者の無能

用兵者とは、戦争に当たって兵力と兵器を用いようとする者を指す。一口で言えば、軍の首脳あるいは上級者である。

彼らは当然、軍事に関しては専門家中の専門家であるはずなのだが、過去の戦史を学ぶとけっしてそうでない状況がわかる。

それどころか素人でも子供でもわかりそうな、単純極まりない真実が見えないのである。

このいくつかの例を挙げてみよう。

その1

○日独陸軍の一〇〇トン戦車
第二次大戦中、日本とドイツの陸軍は、陸上戦艦とも呼ぶべき超大型戦車の開発に本気で取り組んでいた。
昭和十八年（一九四三年）頃の列強の主力戦車は、
ドイツ　四号戦車　三〇トン
ソビエト　T34／76　三二トン
アメリカ　M4　三一トン
イギリス　チャーチル　三六トン
であった。日本とイタリアのそれはずっと軽く、
日本　九七式　一八トン

イタリア　M13／40　　一六トン

と、前記四ヵ国の軽戦車に近いものであった。

翌年に入ると、唯一ドイツは、重量七〇トンのタイガーⅡを登場させるが、数はわずかである。

そのような状況の中で誕生しようとしていた日独の超重戦車とは、どんな車両であったのであろうか。

○日本の超重戦車

一般的には「試製一〇〇トン戦車」と呼ばれていたが、正式名称は大イ車（大型イ号戦車）であった。

重量一〇〇トン、全長一〇メートル、全幅四・二メートル、全高四メートル

乗員はなんと一一名で、一〇〇〇馬力のエンジンを備え、二五キロ／時を発揮する。

一応車体は完成したが、三菱重工業の丸子工場から相模原の試験場（わずか約三〇キロ）まで運ぶのに一〇日間を要している。

○ドイツの超重戦車

呆れたことにドイツ陸軍は、二種の超重戦車を試作していた。

a、マウス

重量一八八トン、全長一〇メートル、全幅三・七メートル、高さ三・七メートル

マウスとは鼠で、大きいものに対する反対の意味の単語をわざわざ使っていた。

b、E100

重量一四〇トン、全長一〇・三メートル、全幅四・五メートル、全高三・三メートル

このどちらも車体と駆動系のみ完成し、走行テスト中、あるいはテスト直前に放置されて終戦を迎えている。

日本にしろ、ドイツにしろ、このような重量一〇〇トンを越す鉄の塊りをどのように運用しようと思っていたのであろうか。

ともかく重量一〇〇トン以上、横幅四メートルなのである。

専用の運搬車を開発しないかぎり、運ぶ手段がない。たとえトレーラーを作ったところで、道の幅が狭すぎて道路上を移動できない。鉄道の貨車にも載せられず、たとえ載せたとしても横にはみ出し、列車同士がすれ違えなくなってしまう。

海外へ運ぶにも、船に載せるためのクレーンがない。

さんざん苦労して戦場へ持ち込んだとしても、少しでも地面が柔らかければ、キャタピラの接地圧が異常に大きいので、そのまま潜り込んでしまうのである。

実際、マウスも大イ車も最初のテストで地面に埋まってしまい、長い時間をかけて掘り出さなくてはならなかった。

マウスの場合、このときの写真が残っているが、巨大な鉄の塊りの周囲で、技術者たちが困り果てた表情で頭をかかえている様子が写っている。

しかし、本当に困り果てているのは、戦場で新戦車の登場を心待ちにしている兵士たちなのである。

平時なら、超重戦車の開発も研究も一興なのかも知れないが、喰うか喰われるかの死闘がつづいているとき、この種の技術的〝お遊び〟に貴重な労力と資材を投入しているヒマはない。

もともと一〇〇トンを越す戦車など造ったところで、運ぶ方法も使う手段もないことは素人でもわかる。それを本職の用兵者である

ポルシェ博士により開発されたドイツの超重戦車マウス――人物と比較して、車体と12.8センチ砲の巨大さがよくわかる

軍人、技術者たちがなんの疑問も抱かず開発に突っ走る。

これは先見性のなさというよりも、はっきりと無能に近いと言えるのではあるまいか。

もっとも戦勝国も、

○アメリカ

T28重駆逐戦車　七〇トン

M103重戦車　五八トン

○イギリス

トートイズ対戦車自走砲　七八トン

FV214コンカラー重戦車　七〇トン

といった重戦車自走砲を開発していた。しかし、重量的には日独のものよりかなり軽くなっている。

唯一この種の〝使えない超重戦車〟に手を出さなかったのが、真の〝戦車王国〟ソビエトであった。

ソビエト陸軍は、戦車の強さはもちろん一定以上の能力を備えていなければならないが、結局のところ、数の強さであるという事実に早くから気づいていた。

第二次大戦の勃発とともにソビエトは、T34戦車シリーズに的を絞り、じつに五万台を生産した。

アメリカもまた、M3、M4戦車（車体は共通）を五万台も送り出している。

逆にドイツは、主力戦車三号、四号、五号、六号と四種の戦車に頼り、総生産台数は一・五万台にすぎなかった。

イギリスを別にしても、数から言えば連合軍の一〇に対し、ドイツは一・五でしかない。

少々強力な戦車であっても、六倍の数の敵に敗れるのは眼に見えている。

軍人という専門家の常識が、子供にも劣る場合があるという事例を、日独の超重戦車の開発計画ははっきりと示しているようである。

その2　風船爆弾の効果

アメリカ本土を直接攻撃する手段を持っていない日本軍は、一般の人々が思ってもみない新兵器（珍兵器？）を開発した。

昭和一九年の一一月から実施された〝フ号兵器作戦〟、つまり風船爆弾による米本土爆撃である。

これはなんと和紙で作られた直径一〇メートルの巨大な風船に、一五キロ爆弾（対人用）一コ、六キロ焼夷弾二コを吊るす。

この風船に水素ガスを詰めて千葉、茨城の海岸から放球すると、冬期のジェット気流に乗って五、六日後、アメリカ大陸の西海岸に到達するのである。ときには時速二〇〇キロにも達するジェット気流は、うまくいけば五〇時間ほどで、大風船をアメリカへ運んだ。

この風船爆弾の着想は、昭和八年頃にすでに知られており、太平洋戦争がはじまるとともに本格的に研究が行なわれた。

昭和一八〜一九年になると、陸軍は膨大な人手を投入して〝フ号兵器〟の大量生産に着手する。

ともかく、直径一〇メートルもある風船を和紙で作るのだから大仕事である。

また、これらの和紙を張り合わせる適当な接着剤がなく、最終的にコンニャク糊が使われた。

一コだけならまだしも、これを数万コ作ろうというのだから容易ではない。全国の和紙とコンニャクの製造会社は二四時間体制で増産に取り組み、その後三万人近い民間人（主とし女子学生）が風船張りに協力する。

昭和一九年一一月三日、明治節（現・文化の日）を記念して第一号が放球された。
このあと大風船は一万コ製造され、そのうちの九〇〇〇コがアメリカを目指す。
このために動員された兵士、民間人の数は約六万人。これらの人々が二年間にわたり〝フ号作戦〟に従事したのであった。

風船爆弾はアメリカ本土に到達後、
㈠、対人爆弾で人と都市を攻撃
㈡、焼夷弾により森林火災を発生させることを目的としていた。

当然、これといったセンサーを積み込んでいるわけではないから、攻撃（爆撃）する目標を探すのは〝風まかせ〟である。

また、放球されたうちかなりの数が風向の変化、着氷、ガス漏れなどの原因によって、太平洋上に落下した。

したがって数万人の労力を費やして実施された〝フ号作戦〟ではあったが、戦果は雀の涙といった程度でしかなかった。

○人的殺傷については民間人五人の死亡
○森林火災については小規模なもの数件

風船爆弾——和紙を糊で張り合わせた風船に爆弾を吊るす風まかせの兵器だった

のみであった。民間人の死傷は、次のような状況で発生した。

森の中にピクニックにきていた女性教師と生徒四人が、木にひっかかっていた巨大な風船を発見し、それに触れたところ爆弾が爆発したのである。

この五人は全員が死亡した。

また、この兵器により、アメリカの西海岸に森林火災が起きたという確たる証拠はない。

日本側の放球と二、三の西海岸の火災の時期が一致したことから、そのように判断されただけである。

もともと森林火災が多発しやすい状況になるのは春から秋であり、ジェット気流の強い冬とは時期的にずれていた。

結局、徹底的な秘密保持のもと、資料によっては延べ三〇万人という多数の人々が関わった〝フ号作戦〟は、まったく効果を挙げずに終わった。

たとえこれが原因で大規模な森林火災が発生したところで、アメリカ政府は自然発火と発表する。したがって国民は、それが日本の攻撃によるものとは思わない。つまり、士気の低下も起こらないのである。

一言でいえば〝フ号作戦〟は、

㈠、和紙を使って直径一〇メートルという大きな風船を作ることができ

㈡、ジェット気流に乗せれば、アメリカまで送り込める

㈢、それを兵器として活用する

という考えからはじまった。そしてそのさい、

「それが本当に効果のある兵器なのかどうか。製造、放球に要する労力、費用に見合うだけの戦果が期待できるのか」

といった議論をまったく無視したまま、計画は実行に移されたのである。

この種の「思いつき」のみによる、戦果も期待できない〝珍〟兵器の開発を強引に押し進めた陸軍（一部に海軍も関係）の将校たちは、なんの責任も問われずに終わっている。

〝フ号作戦〟こそ、太平洋戦争中に陸軍が犯した最大の愚行のひとつと言えるだろう。

5 差をつけたがる日本軍

現在は少しずつ解消されてきてはいるものの、社会、組織の中で地位による上下の差をつけたがるのが人間である。

とくにすべてが階級によって決められてしまう軍隊にあっては、この傾向が著しい。

一般的に軍隊という組織は、

士官とは士官学校あるいは一般大学を卒業しており、階級としては少尉以上

下士官とは士官の下に位置し、軍隊生活が長い者。階級としては陸軍では曹長、軍曹、伍長、海軍では上等、一等、二等兵曹

兵とはそれ以下の兵士。上等、一等、二等、時期によっては四等兵まで

という区分になる。

それぞれの構成比は、兵科、兵種、または時代によって異なるが、士官一、下士官

二、兵七の割合と見ればよい。どこの国の軍隊でも、この比率はほぼ同様である。

横道にそれるが、唯一の例外が日本の自衛隊で、平均的に士官三、下士官三、兵四、艦艇の乗組員の場合三、四、三という具合になっている。この点からは、世界でもきわめて特異な軍隊といえるだろう。

さて、旧軍では士官と下士官、兵の間に高く厚い壁があった。そして、その差は貴族と労働者、いや前述の三つの階級に分ければ、貴族、庶民、奴隷に近い。

これは多少とも民主的といわれた海軍であっても同じである。

ごく少数ながら、きわめて優秀な人間が兵隊の位、つまり一番下の階級から士官になる例がある。この割合ははっきりしないが、多分一〇〇〇人に一人以下の、兵士が選ばれたはずである。

しかし、そのような人間にも海軍は〝差〟をつけたがった。そして少尉、中尉といった階級の上に〝特務〟という二文字をつけたのである。

たんに少尉ではなく、特務少尉と呼ぶ。著者は長い間、これを〝特殊任務に従事する少尉〟と思い込んでいた。旧軍には特務機関という諜報、情報収集にあたる組織がいくつも存在したから、これに属する将校、士官と考えてしまったのである。

長い間努力し、また優秀であったからこそ士官の地位まで昇進してきた人間に、日本軍はまだ〝差をつけよう〟として特務の名を与えたのであろうか。

つまり、「貴様は士官（兵）学校も、大学も卒業していないのにもかかわらず、我々（士官）の仲間に入れてやったのだ」という気持が如実に表われていて、なんとも不快な気分になる。

現実として〝特務〟の者たちは、ほとんどの士官より度胸もよく、軍事技術に対する知識も上まわっていた。

さすがにこの〝特務〟の名は、戦争の激化とともに消えていく。進歩的（？）な海軍も、祖国の存亡が身近に迫ってくるまで、この点に気づかなかったらしい。

しかし反面、優秀であれば兵からでも士官への道が開かれていたことは、多くの若者に希望を持たせたのも事実である。

その道が狭く、厳しいのはわかってはいるが、現実に士官の地位に昇りつめた先輩が存在する。

これを知れば、当時の入隊したての男たちが奮起するのは当然であった。

話は太平洋戦争から四〇年もさかのぼるが、日露戦争で日本軍の捕虜となったロシア軍人の手記の中に、次のような意味の文章が残っている。

『日本軍には、兵士の中で優秀な者は士官になるための道が設けられている。これなどロシアの陸、海軍では信じられないことである。この制度がツシマ海戦（日本海海戦）において、あれだけ日本海軍が強かったひとつの要因と考えられる。日本の若い兵士は士官を目指して、常に努力していたのであろう』

言い変えれば、ロシア海軍の場合、下級兵士はいかに職務に努力しようが、成績がよかろうが、昇進は下士官で止まってしまうということである。

日本海軍が設けたこの昇進の道は、かなり有効に作用したようである。

ふたたび〝差〟の話にもどる。

前述の事実があったとしても、日本の軍隊が異常に士官を優遇したのは間違いない。そこには確かに〝異常〟と思える事柄が存在する。

そのいい例が大戦艦の艦内のトイレの数である。

巨大戦艦大和級につぐ長門級（三万九〇〇〇トン）の平時における乗組員数は一四〇〇名であった。そして、トイレの大便器の数は二三コ（長官、参謀長、艦長用を除く）となっていた。問題はこの割合で、

士官　七〇名に対して一一コ

下士官兵　一三三三〇名に対して一二コ

という驚くべき比率なのである。

士官は六・四人に対し一コ

下士官以下は一一一人に対し一コ

混雑の具合は一七倍という恐ろしさであり、あまりにも非人間的な措置といえる。

このような現実を見過ごしていたのは、海軍の上層部ばかりではない。

まず第一に、実際に軍艦の設計にあたる技術者（造船官）にその責任を問わなくてはならない。

当時の造船官（軍の技術者、軍人と同じ階級があたえられる）は、すべて帝国大学造船科の出身者で、兵学校を出た士官以上に優遇されていた。

大学を出て海軍に入り、一年以内に少尉を飛び越して中尉（造船中尉）に任官する。

まさにエリート中のエリートであろう。したがって下士官、兵のトイレ事情などまったく考慮せず、軍艦を設計したのではあるまいか。

それとも士官と兵士では、トイレに行く頻度がちがうとでも考えていたのであろうか。

参考までにアメリカの戦艦サウスダコタ級（三万五〇〇〇トン）のトイレの数を記

しておく。

乗組員一八〇〇名に対して五〇コとなっているが、士官用、下士官、兵用の割合はわからなかった。

しかし平均すれば、「長門」六一人に一コ、「サウスダコタ」三六人に一コで二倍近い数である。下士官、兵たちも「長門」の場合よりずっと楽であったに違いない。


なお、旧海軍では士官とそれ以外では食事の内容にも大差があった。

士官の食費は自前だが、下士官、兵は無料である。

これはある意味で平等のように見えるが、下士官、兵が、「金を払うから、士官と同じ食事をしたい」と言い出すことは許されない。

自衛隊においては、階級による食事の差はほとんどなくなっている。

ついでに昭和一六年における軍人の給料について記しておこう。
当時の資料によれば、軍人の月給は、
陸軍大将五六五円、二等兵六円
であり、その差は九四倍となっていた。

現在の自衛隊について調べてみると、二等陸士（二等兵）と、陸上幕僚長（陸上自衛隊の最高位、中将に相当、大将位は存在せず）の月給の差は、約一二対一にすぎない。

参考までに、大国の軍隊でもっとも差のいちじるしいのは旧ソ連軍で、陸軍大将、海軍大将と二等兵のそれは二〇〇倍と大きく開いていた。

人間社会の平等を声高に唱えていた社会主義、共産主義とその軍隊である旧〝赤軍〟の実態を示しているようで、じつに興味深い。

6

硬直した頭脳

その1　思いもしなかった特殊部隊の設立

いずれの国の軍隊も、企業という経済組織と比較すると、きわめて保守的である。

平時においてはなんら変わろうと、また変えようとしなくても、衣食住は保障されている。それどころかなにか改革を求めんとすれば、かえって種々の圧力を受け居心地が悪くなる。

個人商店、企業は日々競争の中に置かれているが、軍隊には戦争、紛争がないかぎり、まったくそれが存在しない。

言い変えれば、大変気楽な組織といえよう。

とくに日本陸軍には保守性が強かったように思える。

一九〇四年の日露戦争から太平洋戦争までの三十数年間、大きく変わったものはない。小銃、拳銃、手榴弾（手投げ弾）といった歩兵の携行兵器の性能はとくに向上せず、戦術もまた白兵突撃（敵弾に身をさらしながら果敢に突撃すること）が中心となる。

昭和一〇年頃から航空機、戦闘車両の導入が開始されても、歩兵が陸軍の中核であることに変わりはなかった。

中国との戦争が本格化したのは昭和一二年からであるが、これは陸軍首脳の予想をはるかに越えた大戦争となり、戦場も日本本土より広い面積にまで拡大する。

そうなると戦線に投入する戦車、航空機は各地に分散してしまい、集中運用による打撃力は発揮できない。

その結果、否応なしに三〇年前の戦争と同じ形態にならざるを得ず、この状況はますます陸軍の保守性を増長させるのである。

同じような軍隊がイギリス陸軍であった。

ナポレオン戦争以来の伝統を誇る英陸軍もその思想は頑迷であり、第一次世界大戦（一九一四年～一八年）がはじまった頃になっても、機関銃、戦車の導入、開発に消極的であった事実が知られている。

機関銃の導入については民間会社が、そして戦車についてはイギリス海軍が説得に乗り出さざるを得なかったほど、新技術、新兵器に関心を示さなかったのである。

しかし、第二次大戦が勃発すると、イギリスの軍隊は三つの、これまでに存在しなかった部隊を創設する。年度には多少のずれがあるが、それらは、

陸軍　特殊部隊　コマンドウ

海軍　特殊舟艇部隊　ＳＢＳ

空軍空軍特殊部　ＳＡＳ

である。この場合、イギリス海兵隊は海軍ではなく、陸軍と協力する形となった。

三軍が作り出した特殊部隊はいずれも似たような編成で、数名の士官と数十名の兵員（計五〇名前後）の一コ小隊を基本とし、作戦実施にさいしては、三コ小隊（約一五〇名）で行動する。

このまったく新しい〝特殊〟部隊は、ありとあらゆる任務に従事し、地味ではある

が少なからぬ戦果を挙げて勝利に貢献した。

それも敵の大部隊、大艦隊を撃滅することなど初めから考えていない。

兵力もわずか一五〇名であるので、事前に情報を細かく分析し、敵の弱点、アキレス腱を襲うのである。

たとえば一九四二年三月二八日、ドイツ占領下にあったフランスのサンナゼール港奇襲作戦はその典型である。

この攻撃の目的は、ドイツの戦艦、巡洋艦の修理に使われる造船所のドックを破壊することにあった。戦艦、巡洋艦の撃沈ではなく、ドックの破壊により敵海軍の戦力を弱体化させる。

このような攻撃は派手ではないが、充分に効果的である。そしてボクシングにおけるボディ攻撃のように、少しずつ敵を疲労させるのであった。

イギリス軍は多くの犠牲を払いながらも、北海、地中海、フランス沿岸、バルカンとあらゆる戦場で特殊部隊を駆使する。

鉄道のトンネル爆破、燃料貯蔵施設への攻撃、要人誘拐、捕虜になっている友軍パイロットの救出、工作員の潜入の協力と、まさに休む間もなくドイツ軍、イタリア軍に襲いかかった。

これに対して防衛する側は、非常な不利を余儀なくされる。

敵はいつ、そしてどこを襲ってくるのかわからず、大兵力を多方面にわたって張り付けておかねばならない。

そのうえ敵の小部隊によって引き起こされる損害は――それが急所にくわえられるだけに――決して軽いものではない。

幹線鉄道のトンネルが爆破されれば、補給品を満載した列車は立ち往生し、そこを狙って英空軍の爆撃が行なわれるのである。

夜間に高速艇、航空機、潜水艦などを使って侵入してくる小兵力を、捕捉するのはきわめて難しい。

コマンドウの活動は一九四〇年六月から開始され、終戦まで絶え間なくつづいた。

彼らはのちにビルマ、ニューギニアで日本軍に対しても投入されている。

イギリス特殊部隊の活躍を知り、アメリカ軍が同じような組織を創設したのはかなり遅く、一九四二年からで、まずレンジャー部隊が作られる。

これがのちにベトナム戦争で名を轟かすグリーンベレーであった。

ドイツでは最後まで独立した分野としての特殊部隊は作られず、臨時編成の、フリーデルタール駆逐大隊

ブランデンブルグ特殊部隊

のみにとどまった。

部隊の規模としては、アメリカ、イギリスの五パーセント程度にすぎない。

彼らは幽閉中のイタリア、ムッソリーニ首相／統領の救出活動に従事し、それを成功させた。

また一九四四年一二月〜翌年一月のアルデンヌ攻勢のさいには、連合軍の戦線背後に潜入している。

しかし、いずれも正式に認定された部隊とはいえず、大きな戦果も残されていない。

どうもドイツ陸軍もまた、特殊部隊には関心を示さなかったようである。

ところで、日本軍はドイツ以上にこの種の部隊に無関心であった。

前述のごとくイギリスのコマンドウの活動は一九四〇年（昭和一五年）春に開始されていたのだから、その情報を得れば太平洋戦争に充分間に合ったはずである。

陸軍の連隊、海軍の陸戦隊から優秀な士官と兵員を選び、五〇名規模の部隊を数十コ編成する。

彼らに襲撃、破壊工作、退避行動を徹底的に訓練し、潜水艦、大型飛行艇を使って敵地に送り込む。そして重要施設を爆破して、迅速に撤退する。

　長い海岸線を持つアメリカ本土、オーストラリア、太平洋艦隊の拠点ハワイなど、目標はいくらでもあった。

　たとえば、真珠湾への攻撃など、太平洋戦争初日における第一撃のみではなく、何回となく実施すべきであった。

　機動部隊による大規模攻撃が無理ならば、まさに特殊部隊を使ってのゲリラ的攻撃の最良の目標とも言える。

　夜陰に乗じて数十人の日本兵を送り込み、海軍基地の大石油タンク群に迫撃砲弾を打ち込む。

　これに成功すれば湾全体が火の海となり、あたえる打撃はことのほか大きい。

　米本土と違って石油を産出しないハワイ諸島において、燃料施設が炎上すれば太平洋艦隊はすぐ行動に支障をきたす。

　これ以外にも、もし日本軍がコマンドウに類する部隊を持っていれば、大いに活躍させ得たと思われる。

　戦力、兵力に余裕のあるアメリカ軍でさえ、潜水艦と小部隊の組み合わせによる攻撃を実行に移している。

潜水艦ノーチラスに整列した海兵第2襲撃大隊レイダー・バタリオン——昭和17年8月17日、彼らはマキン島を奇襲した

昭和一七年八月一七日、二隻のアメリカ潜水艦が二四〇名からなる海兵第二襲撃大隊（レイダー・バタリオン）をマキン島へ上陸させた。

同島の日本軍守備隊は完全に寝込みを襲われ、基地設営隊の約七〇名が戦死している。これは米海軍、海兵隊によるガダルカナル島攻撃のための準備行動であった。

この種の作戦こそ、本来なら日本軍が実行すべきものであった。

しかし、頭の堅い日本軍の首脳は、コマンドウタイプの部隊を創設するなど思いもしなかった。

唯一、この種の部隊の実戦参加は、占領下の沖縄へ突入した〝義烈空挺隊〟だけである。ボーイングB29の基地となっていた読谷（よみたん）飛行場に、一〇機の輸送機に分乗した一〇〇名の日本兵が強行着陸で侵入、携行爆薬により地上に置かれている敵機を破壊するという壮烈な作戦であった。

そのうちの九機は対空砲、夜間戦闘機によって撃墜されたものの、残る一機は胴体着陸に成功し、一〇名の兵士を送り出した。

この一〇名は全員が戦死するまでにB29の完全破壊五、損傷九機という大きな戦果を挙げている。

一種の特攻作戦ではあったが、まさにコマンドウに匹敵するものといえる。

日本陸海軍は正攻法に頼りすぎ、常に大きな勝利だけを狙っていたのである。

闘う相手が強大であればあるほど、一撃で打ち倒すのは難しい。ときには軽いパンチで、ときには針で刺すような小さな攻撃を繰り返し、その力を削いでいく。

この種の地味な努力の積み重ねが、最終的な勝利に結びつく。

一六世紀から延々と続いた植民地をめぐる闘争において、イギリス軍はこの事実を理解していた。

それが強敵ドイツとの戦争のさい、特殊部隊の創設へとつながったのであろう。

旧日本軍の硬直した頭脳は、これに気づかないままに終わっている。

現在の陸上自衛隊は、レンジャーに代表される特殊部隊を保有しているが、この種の戦力の拡大をよりいっそう考慮すべきであろう。

その2　ドーリトルの東京空襲

昭和一七年四月一八日、見慣れぬ双発機十数機が東方海上から姿を見せ、東京、横浜、名古屋に爆弾を投下し、そのまま南西の空に消えていく。

そしてこれらの航空機は、そのまま中国大陸の中国軍（蔣介石軍）支配地に向かっていった。

日本軍の高射砲、戦闘機の迎撃は、あまりに鮮やかな奇襲に対処できず、一機の敵機も撃墜できぬままに終わっている。

これらのアメリカ軍機は、海軍の航空母艦ホーネットから発進した陸軍航空部隊のノースアメリカンB25ミッチェル中型爆撃機である。

開戦からわずか四ヵ月、日本軍の真珠湾攻撃への報復第一撃として、アメリカ軍は敵国の首都とその周辺への爆撃を成功させた。

これに対して日本の陸海軍は、この種の攻撃を考えてもおらず、容易に本土上空への侵入を許してしまった。

それどころか、前述のごとく一機も撃墜できなかったのである。

この東京空襲B25部隊の指揮官はJ・H・ドーリトルという、かつては飛行機のスピードレースで鳴らした男である。この攻撃の成功からいって、彼は名前をドーマッチに変えるべきであった。

空襲による日本側の損害は、百数十名の死傷者を除けば大したものではない。しかし、アメリカ国民の士気の高揚という面からいえば、特筆に値する。

ハワイの大海軍基地と戦艦群の壊滅、コレヒドール要塞の陥落、フィリピンからの撤退など敗報がつづくなか、アメリカ機の一隊が敵国の首都を痛打したのである。米国民が快哉を送ったのも、しごく当然と言えよう。

反対に勝利に酔っていた日本の軍部、国民はこれによって戦争の前途が容易でないことを思い知らされたのであった。

我々は現在でもこのドーリトル東京空襲から、当時、絶頂期にあったアメリカという国の実力をうかがい知ることができる。それらは、

●敗北感がひろがっている中で、敵の首都を攻撃する
●大きな陸軍の双発爆撃機を狭い航空母艦の甲板から発進させる
●いったん発艦したら着艦は不可能なので、そのまま大陸に向け飛行させる

という、いずれもきわめて大胆な発想にもとづいている。

当時のアメリカには、まだ〝冒険心〟が残っており、それがこの作戦を生み出した

のであろう。

発想、着想の素晴らしさとともに、それを実現するための綿密な準備も充分に評価されるべきである。

またその着実さ、期間の短さも忘れてはならず、時間を追ってみていくと、次のような短期間で作戦は実行されている。

●日米開戦
一九四一年一二月八日（アメリカ時間）
●米軍首脳に東京空襲の着想浮かぶ
一九四二年一月の初め
●ルーズベルト大統領、作戦の立案を命令
一月一〇日
●航空母艦とB25の組み合わせ、および指揮官にJ・H・ドーリトルを決定
一月一七日
●B25の空母ホーネットからの発艦テスト
二月二日
●B25部隊の編成と訓練の開始

二月三日より三月末までつづく

●B25の改造作業

二月一二日より一週間

●機体と乗員の最終点検、空母への積み込み

三月三一日

●第一六機動部隊、アラメダ海軍基地を出港

四月二日

●日本空襲の一番機発艦

四月一八日、午前六時三〇分

このように日本への反撃の第一矢は、わずかヶ月で放たれる。

この間、アメリカは大統領の命を受け、

陸軍総司令官　マーシャル

海軍総司令官　キング

陸軍航空部隊総司令官　アーノルド

といった陸海軍の軍人たちが協力し、歴史に残る大作戦を立案、準備、実行させた。

とくに航空母艦から双発の爆撃機を、一六機もまとめて発進させるという着想は素

晴らしかった。

同時に陸海軍の協力ぶりもまた、日本ではけっして考えられることではない。

このドーリトルの空襲部隊のB25爆撃機一六機については、その機体の全部が失われ、また乗員のうち無事祖国に帰ることのできた者は三分の二であった。

しかし、アメリカの全国民を奮い立たせたのであるから、損害と犠牲を払っただけの価値は充分にあったと言えるだろう。

また、このB25爆撃隊の東京攻撃が報じられたあと、新聞記者の一人がルーズベルトに、

「爆撃機はどこの基地から離陸したのか」

と質問した。

大統領の答えは、「シャングリラ」である。

この答えに、質問した記者がとまどったのは言うまでもない。

シャングリラとは、J・ヒルトンの小説〝失われた地平線〟に出てくる理想郷のことで、ここに住む人々は不老不死であるとされている。そして、その位置はチベットの秘境の一角であった。

双発爆撃機16機を空母から発進させたドーリトル空襲は着想と実行力において特筆される。写真はホーネット艦上のB25

航空母艦から発進した事実はすでに推測されてはいたが、ユーモアに富んだ回答で、そこには余裕さえ感じられる。

もし同様な作戦が日本側によって実行され、それが成功裡に終わったとしよう。その場合、爆撃機の発進基地についての情報は「某方面、○○基地」となったはずである。

それ以上に、記者会見とか、軍事行動に関し新聞記者が最高指導者に質問するといった状況は、当時の日本では考えられなかった。

この差こそ、自由で大胆な発想が生まれるかどうかの違いなのである。

六月のミッドウェー海戦、八月から開始されたガダルカナルの攻防戦において、戦争の行方は次第にはっきりとしてくる。

その後、両軍ともこのような〝放れ業〟的な戦術を二度と使わずに終わった。

したがって昭和一七年四月一八日の東京初空襲は、ドーリトルの名とともに戦史に輝きつづけるのであった。

7

人命の救助の損得

ベトナム戦争たけなわの一九七〇年、南ベトナム駐留アメリカ軍最高司令官のウエストモーランド中将が、「アジアにおける命の値段は、アメリカ、ヨーロッパの場合と比べてかなり安い」と発言し、マスコミの非難を浴びた。

しかし、歴史的に見るかぎり、これはたしかに真実をついているように思える。第二次大戦の日本軍、朝鮮戦争の中国軍などアジアの軍隊は、旧式の兵器のかわりに、あるいは兵器の量を補う形で、兵士たちの血を大量に要求した。

この点、欧米の軍隊、とくにアメリカ軍は闘いに当たって徹底的に人命尊重を優先した、と考えてよい。

戦争自体が人命の消費であることは子供でも知っている真実であるが、それでもなお兵士の命を救おうとする努力を怠ってはならないのである。

ここでは、戦争のさいの兵士の命の値段について考えていこう。

アメリカという国が、自国の兵士の生命を救うことに執着した理由はいくつかあった。

まず——ときには押しつけがましいきらいは多分にあるものの——キリスト教的精神が挙げられるが、これはきわめて分かりやすい。

もうひとつは、実務的合理性から兵士を大切に扱っているような気がする。

たとえばパイロット、艦船の乗組員を筆頭に、熟練した戦闘員は貴重な存在といえる。彼らの養成には多額の費用、時間、労力を必要とし、代わりは容易に得られない。とすれば、戦闘中あるいは終了後、なんとしてでも彼らを救うことが、経済的、戦力的にプラスになる。

また、敵弾によって即死しないかぎり、味方の救援救助作業が確実に行なわれるということになれば、兵士の士気も向上するのである。

それほど任務に熟練度が要求されない歩兵は別にしても、砲兵、戦車兵、飛行兵、艦艇乗組員を新兵から一人前の兵士に育てるまで少なくとも二、三年の歳月とかなりの費用がかかる。

それならば救助作業に力を注いでも、充分元がとれる。

これがアメリカ軍のなんとも合理的な考え方であった。そのうえ、この方針を徹底すれば軍隊に対する国民の信頼感も高まるのである。

アメリカ軍の人命尊重は、いつの戦争でも随所に見られた。

○艦艇について

大戦の初期からすべての艦船に、大型救命イカダ（フロート。ゴムあるいはカポック製）を装備した。これだけで乗組員の一・五倍を収容する能力があり、内部には生命維持のための浄水器、食糧などが用意されている。

もちろん、これ以外に救命ボートも搭載していた。このボートはエンジン付きで、前述のイカダ数隻を曳航可能であった。

日本の場合、救命ボートは手こぎの短艇を代用し、イカダのかわりに丸太を使っていた。そのため、軍艦が沈んでからの死者数が短時間に増加する傾向にあった。

ゴムボートの中で横になっている場合と、丸太につかまりながら漂流している場合を比較すれば、どちらが長く生存しているのか記すまでもない。

洋上をゆくPBY飛行艇——実務的合理性にもとづく人命尊重に徹した米軍は潜水艦やPBYにより救助作業にあたった

○航空機の救命装置

パラシュートの装着を命令の形で実行させていたアメリカ軍と比較して、日本軍はそれさえ持たぬ場合が多かった。

被弾して帰投できないと判断したとき、アメリカ人パイロットはまず脱出、そして救助を待つべきと考える。

一方、日本側はすぐに自爆（地上へ突っ込む）するのである。

一見いさぎよいとも思えるが、これにより戦力の差は大きく開く。

海上の長距離飛行の場合でも、日本の操縦者は身につけたライフジャケットだけを頼りに飛んだ。

アメリカでは一人用ゴムボート（エマジェンシー・ディンギー）まで搭載する。このゴムボートには、海水を飲料水にかえる薬品から魚釣り道具まで入っている。

昭和一八年（一九四三年）の時点で、日本軍の七倍近い数の飛行士を養成していたアメリカ軍は、その一方でここまでパイロットを大切にしていたのであった。

○組織としての人命尊重

その1　艦船の位置表示システムの開発

アメリカ軍がその全力をあげて、二つの人命救助に関する組織を完成させたのは一九四四年の秋である。

まず最初のひとつは、排水量五〇〇トン以上の、海軍に所属する艦船すべて（ただし潜水艦をのぞく）の位置を確認するシステムの創設であった。

太平洋、大西洋を問わず、大小の艦艇を図上に示し、一度でも敵の攻撃によって損傷を受けたときすぐさまその位置を知り、救助の手を差し向ける。

また、もっとも近いところにいる友軍の軍艦を救援に向かわせる。

駆逐艦などの小型の軍艦が瞬時にして撃沈され、通報ができなかった場合でも、無線による相互確認方式により、六時間以内にその情報をキャッチするのを可能にした。

この艦船位置表示システムはのちに発展し、民間の船舶にまで拡大される。

近年、コンピューターにより大洋を航行する全船舶の位置を記録するアンバーシステムが活躍しているが、この元となったのはアメリカ海軍の位置確認装置であった。

蛇足ではあるが、昭和二〇年七月にこのシステムがうまく作動せず、多くのアメリカ兵の命が失われた事件が起こった。

重巡洋艦「インディアナポリス」が日本海軍の伊五八潜水艦に撃沈されたが、そのあと丸二日間、アメリカ海軍はこれに気づかなかった。

この原因は、「インディアナポリス」がなにか重大な秘密の任務についており、表示装置からはずされていたからである。のちになって重巡は、テストを終えたばかりの原子爆弾をサイパン島に運ぶ任務に係わっていた事実が明らかになる。

「インディアナポリス」を例外として、他のアメリカ軍艦はすべて友軍に見まもられつつ闘ってきたのであった。

その2　B29爆撃隊のためのライフライン

最初はマリアナ諸島（サイパン、テニアン、グアム島）、のちには硫黄島から発進したボーイングB29爆撃機の大編隊は、昭和一九年の末から日本本土への空襲を開始する。すでに北九州へは中国奥地からB29の編隊が来襲してはいたが、その規模は大きくなかった。

それに対してマリアナ、硫黄島からの爆撃は一度に数百機を投入するというもので、日本の大都市はつぎつぎと灰燼に帰していく。しかし、防空戦闘機、対空砲火によって損傷した大型爆撃機の損害はけっして少なくなかった。

東京を基点にするとマリアナまで二四〇〇キロ、中間の地点にある硫黄島まででも一二〇〇キロにわたり洋上を飛行しなければならない。

損傷を受けた飛行機でこれだけの長距離飛行は難しく、海上に墜落、不時着するB29が続出し、多い日には五ないし七機が失われた。B29の乗員は一〇名であるから、そのたびに数十名が戦死するのであった。

この犠牲者をなんとか減らそうと、陸軍航空隊は海軍に徹底的な救助体制の設立を要請する。

これを受けて海軍は、東京——硫黄島マリアナを結ぶ線上に一五隻の潜水艦を配備した。

一隻が受け持つ海域の半径は約一〇〇海里（一八〇キロ）で、これにより太平洋上に潜水艦によるB29支援、救助ラインがつくられたことになる。

海上不時着を決意したB29は、ライン上のどの位置にあっても、飛行時間から見て三〇分のところに、味方の潜水艦が存在するのである。

一、二基のエンジンが停止し、乗員のうちの何人かが機上で戦死しているような爆撃機が、よろめくように海面に不時着する。すでに連絡を受け、浮上してそれを見まもっていた潜水艦は、ゴムボートを降ろして乗員を救出する。

このライフライン上で潜水艦に救助されたB29の数は、二〇〇機近くに達した。したがって、二〇〇〇人の爆撃機搭乗員が命を救われ、ふたたびB29で出撃可能になったわけである。

その3　歩兵への救急セット

一九四四年からアメリカ陸軍は第一線の兵士一人一人に、負傷したとき自分自身で応急処置ができる簡易救急セットを配布した。

即死あるいは意識を失うような重傷では役に立たないが、裂傷、擦過傷、そして骨折などに対しては有効な薬品をそろえており、とくに感染症の防止、鎮痛には大いに貢献する。

感染症へのサルファ剤、激しい痛みへのモルヒネに代表される救急セットは、多くの兵士を救い、また戦闘への恐怖を削減させたといわれている。

戦闘のさい、常にそばに軍医、衛生兵がいるとは限らない。負傷したとき、この救急セットがいかに役立つのか、説明するまでもないのである。

アメリカ軍の人命尊重の考え方は、太平洋戦争における日本軍とあまりに対照的であった。そしてそれは、間違いなく戦力の増強に、あまり目につかない形で役立っていたのである。

ここに紹介したのはほんのわずかな例で、ほかにもいろいろな手法が採用されている。

我が国ではいまだにこの分野の研究が進んでいるとは言い難く、まだまだ多くの実験と議論が必要であろう。

8　民間人と女性の活用

アメリカ、イギリスと日本の戦時における大きな相違のひとつは、民間人と女性にその力を充分に発揮する場をあたえたかどうかといった点にある。

大規模な国家間戦争においては、当然のことながら国民を総動員しなくてはならない。

しかし、アメリカ、ドイツ、日本では、その力の活用方法に差があった。そこで民間人、女性に分けてその部分を追ってみる。

○民間人の場合

アメリカ、イギリスでは民間人をいかに活用するか真剣に考え、少数の特殊技能者および知的労働者と、そうでない人々（一般労働者、主婦）に分けていた。

そして前者には、軍隊の携えるあらゆる問題をあからさまに提示し、解決への手法を研究させた。

その結果、軍人だけでは決して生まれなかったまったく新しい方法が提案され、それは期待以上の効果をあげる。

この典型的な例が、のちに企業経営にも大きな影響をあたえる〝ＯＲ／オペレーションズ・リサーチ〟の開発である。

ＯＲとは、軍隊の場合、作戦研究と訳され、いかに効率よく作戦を実施するかとい

う研究を指す。同時に企業においては、

「経営管理の合理化を目的として、数学、統計学を取り入れ、多角的に研究する」

ことである。

第二次大戦後、世界の大手企業でORに関心を示さなかったところはない、と言われたほどこの手法は効果的であった。

しかし、ORは思ってもみないところから誕生し、それが世界にひろがっていったのである。

大戦初期からイギリスは、ドイツ海軍の潜水艦Uボートによって徹底的に痛めつけられていた。ヨーロッパ大陸の大部分がドイツの支配下に入ってしまったため、あらゆる物資をアメリカ、カナダ、南アフリカ、インド、オーストラリアから輸入しなければならない。

ドイツとしては、この海上交通路を遮断すればイギリスを完全に孤立させられるので、輸送船を片端から撃沈していった。ある月には六〇隻が沈められ、四八万トンの燃料、食糧、軍需資材が海底に消えた。

それらの輸送船を守るべく、護衛艦の大量建造がはじまってはいたが、絶対的に数が足りないのである。

そこでイギリス国防省は、大学の数理工学グループと商務省の経理専門官といった民間人グループに、この問題の解決を依頼した。

海洋の広さ、潜水艦が船舶を発見する確率、護衛艦一隻の担当できる海域など、数十の項目が徹底的に調査され、それが数学的、統計的に整理されていった。

その結果、半年足らずのうちに結論が出た。

それを簡単にまとめると、

○一定の規模の船団を組み、航行する
○大船団も小さな船団も、敵に発見される確率は変わらない
○船団を構成する船の数が増加しても、護衛艦をそれに比例して増やす必要はない
○天候、月齢を考えて出発させれば、損害を大幅に減らすことができる

というようなものである。

これはすぐに実行され、護衛艦の数が増えたわけでもないのに、輸送船の損失は次の半期（六ヵ月）に三七パーセントも減少した。

この間、作戦可能なUボートの数は、一五パーセント増えているのである。

イギリスの民間人の頭脳が生み出したORという新しい学問が、護衛艦の建造よりも確実に輸送船団の安全を確保したのであった。

しかし、本書ではこのORの効果を云々するのが目的ではない。軍部が直面する問題を隠さずに提示し民間の頭脳集団にその解決を依頼するといったきわめて率直な姿勢が、ORを生み出したのである。

海軍、陸軍を問わず日本の軍部は、自分たちの直面している難問の解決を民間人のグループに委託して解決するなど、思いもよらなかったに違いない。

ともかく、日本の軍人たちの口から出る言葉は「素人に何がわかるか」の一言に尽きた。

海上、空中、陸上戦闘の勝敗のかなりの部分が、数学、統計的要素に左右されるなどという事実に気がつきもしなかったのであろう。

イギリスの頭脳集団はORの手法を応用し、船団護衛のほかに防空戦闘にもこれを多用している。

来襲するドイツ空軍機を迎撃するため、どのような機種の戦闘機を、いつ、どこの基地に配備すればよいか、具体的な指示を出したのである。言い変えれば、防空戦闘機の理想的な運用方法を数学的に導いたのであった。

OR研究グループ（ブラケット・サーカスというなんとも不思議な暗号名を持ってい

た)の活躍は終戦までつづき、爆撃機の運用なども一手に引き受けることになる。のちにまったく異なった分野、生理学、天文学などの研究者も参加している。

戦闘の勝敗のかなりの部分が数学、数値に支配されることに気づいたのは、イギリス、アメリカだけではない。

ソ連軍（赤軍）も独ソ戦開始後、この分野の研究に力を入れていた。彼らの場合、米、英より小規模の戦闘を数学によって分析しようとしたようである。

たとえば、敵軍の防衛陣地の能力を十数の要素に分類し、それぞれを事前の砲撃で壊滅させるためにはどの程度の数の砲弾を射ち込めばよいか、といった課題を数学的に解決するのである。

これは、次第に歩兵部隊の戦術教典にまで取り入れられて、

「地上から垂直な一メートル四方の空間を毎秒二発の銃弾が通過するような射撃を続ければ、敵の歩兵の突撃を九〇パーセントまで阻止できる」

という具合に実証されていく。

この研究には、モスクワ大学の数学科を中心に多数の物理学者、天文学者などが参加した。

米、英、ソ連のこの種の民間頭脳集団の活用にして、ドイツ、イタリア、日本の枢

軸三ヵ国はまったく遅れをとってしまった。
この原因はどこに求めるべきであろうか。

北海を航行する英国船団——イギリス民間人の頭脳を活用して生み出された〝OR〟により、輸送船団の安全が確保された

○女性の活用

戦争となれば女性であっても、国家に協力しなければならない。これはどこの国であれ、変わることはない。

しかしここでもまた、日本と欧米各国（この場合はドイツ、ソ連、イギリス、アメリカ）との間には大差があった。

日本では成年女子の大部分を工場労働者としてのみ、活用していた。

女子中学生以上、四〇歳までの女性は軍需工場の工員として、少数の高校生、大学生はタイピスト、書類作成補助として使われた。

言い換えれば、他の職種は戦争が激化して

も男性によって占められていたということでもある。それだけに兵士の数を大幅に増やすのが難しい。

前述の四ヵ国では、次のような分野で女性を多用している。

イギリス、ドイツ、ソ連については、まず公的交通機関の運転手を含む従業員である。他の二ヵ国での記録はないが、イギリスの国有鉄道（一部のバス路線も有する）では最終的に六〇万人の女性が働いていた。バス、蒸気機関車の整備、線路の補修まで全員が女性という区間も少なくなかった。

ドイツでは一九四二年に路線バスの運転手をすべて女性とした。

ソ連については、唯一女性の戦闘機パイロットを採用し実戦に投入した国だから、これらの仕事においても女性の活用はごく当たり前であった。

アメリカだけは少し事情が違っていた。動員兵力に充分な余裕があったため、女性が交通機関で働く必要がなかったのである。

しかし、一九四二年になると女性の入隊の条件を大幅に緩和し、五万人以上を採用した。終戦までにその数は十六万人にまで膨れ上がる。

職務の大半は看護婦、事務補助であったが、ほかに車の運転手、郵便配達という役割が大きかった。

後方において将官の送迎乗用車、救急車、トラック、郵便車などで運転手を勤めた女性の数は延べ七万人を数える。

このほか、女性の医官を増員し、後方で勤務につかせ、男性の医官は前線に派遣する。これにより第一線の医官が大幅にふえ、負傷者の死亡率を減少させることが可能になった。

のちには女性のパイロットも養成し、軍用機の輸送、沿岸監視飛行を担当させる。

このように日本以外の列強は、女性の力を充分に活用した。我が国の場合「女性は家庭に」といった考え方が主流であって、それがマイナスに働いたと思われる。

女性の活用の是否はともかくとして、現在の自衛隊でも民間人の活用に対する意識が低い。民間人の意見を求める方策としては、

㈠、自治体などによる市民へのアンケート

㈡、首相の私的諮問機関である〝防衛問題懇談会〟

以外にはほとんど存在しないのである。

これでは変化の激しい国際情勢にまったく追随できないと言ってよい。

前述の㈠についてはたんなる国民の意識調査にすぎず、㈡についてはきわめて大局

的な概要を検討する機関としての役割しか果たせないのである。

民間の知識人、一般の市民の活用という点から、現在の自衛隊は旧軍と大差がないといっては言い過ぎであろうか。

このあと、少々横道にそれはするが、我が国がすぐにでも必要とする民間組織について述べておく。

これに関してどうしても言及しなければならない点は、我が国にはこれまで組織化された民間の軍事、紛争についての研究機関がひとつとして作られなかったという事実である。

明治から現代にいたるまで、軍事に関連する事項、紛争解決の手段は、すべて〝専門家〟といわれる人々の手にゆだねられ、一般の人々はこれに係わりを持とうとしなかった。

しかし、いったん戦争（その大小は問わず）がはじまれば、国民はすぐに多大な犠牲を払わされるのである。

軍務に就く者、戦争の費用を負担する者も、結局のところ国民なのであるから、日頃からこれらの分野について研究し、必要とあらば政策、外交、軍事問題について積極的に意見を出していかなくてはならない。

普通の市民は日常の生活に追われ、現実の問題としてこれを実践するのは難しいが、そうであるならば、民間の研究組織が必要となる。

スウェーデンの国際平和研究所

イギリスの国際戦略研究所

アメリカのスタンフォード大学国際戦略研究所

といった具合に、いわゆる欧米先進国にはこの種の機関（国際紛争、軍事問題のシンクタンク）はかならず存在する。

また、大学にも国際問題、紛争の解決を研究する学科がある。

我が国の場合、個人ベースの軍事問題の研究所はあるが、その規模は小さく、公的な補助はまったくない。

大学にいたっては〝国際〟の名こそ氾濫しており、国際学部、国際情報科など数十にわたる学科がつぎつぎと作られてはいるが、〝紛争〟を学び、その解決を模索する研究は皆無に等しい。

そのほとんどは、カリキュラムのリストを見るかぎり比較文化論、民族学、歴史といった課目のみが羅列され、軍事、戦争、紛争、混乱の回避研究といった分野は見られないのである。

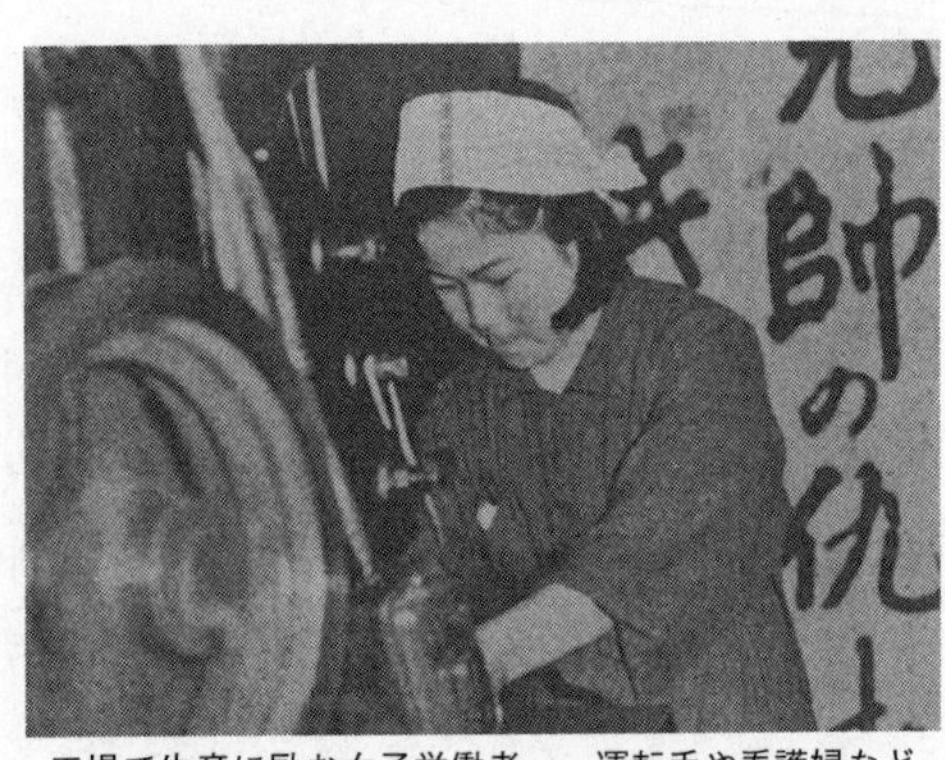

工場で生産に励む女子労働者——運転手や看護婦など欧米の場合と異なり、日本女性は工場労働者としてのみ活用された

この点からは、日本の大学は「臭いものには蓋」、あるいは「さわらぬ神に祟りなし」に徹しているようである。

かといって、この分野の研究を防衛大学校を中心とする組織のみに任せるのは、これまた問題である。

本書のいろいろな部分で繰り返し述べているように、〝専門家はかならずしも専門家ではない〟からである。

そうであれば、政府、自衛隊から完全に独立しており、どのイデオロギーにも毒されず、戦争の阻止と紛争の事前の解決を考える研究機関が必要であることはいうまでもない。

それは民間の医学研究所とまったく同様で、軍国主義の拡大を狙う勢力（もし我が国にそのような勢力が存在するのなら）とは無縁のものなのである。

このような組織こそ、我が国にとってすぐにでも必要と思えるのだが……。

9

名人の養成と新技術

　空軍という兵科が独立していなかった日本軍において、陸海軍のどちらの側で技術および技術者が重視されたかといえば、当然、海軍であろう。

　陸軍とはちがって、戦闘の大半が軍艦という兵器に乗り組んで行なわれるのであるから、それは当然である。

　ところで日本海軍の場合、技術重視は早くから叫ばれていたものの、同時に重要な分野で〝名人〟の存在に頼っていた部分が少なからずあった。

　エンジン、兵器の整備はもちろん、爆撃手、戦闘機操縦者、見張りといったものにまで名人を育て、それを中心に現在で言うところのソフトウェアの質を向上させようとしたのである。

　どの軍艦、どの部隊にも名人といわれる兵士が何人かいて、それが大切な任務の中核となっていた。それはそれでよいのだが、その反面、日本軍は個人的な技術の向上に頼りすぎるという失敗をおかす。

つまり、兵士全員のあらゆるレベルを向上させ、その結果としての戦力増強に期待するというわけである。

たとえば、勝利の最大の要因である砲撃、爆撃の命中精度について訓練を重ね、言いかえればそれによって精度は無限に向上すると思い込んでいた。

したがって、戦艦の射手、爆撃隊の爆撃手などには優秀な兵士を当て、常に訓練をつづけさせている。

ところが、対するアメリカ軍は、より現実的、かつ科学的であった。彼らは第一義として、「人間の能力には限界があり、機器によってそれを補うべきである」との考えを持っていた。

また超A級（いわゆる名人）の兵士を数人そろえるよりも、機器を人並みに扱える人間を数十人用意する方が、効率的にも勝ると早くから信じていたようである。

これは、次のような具体例によって示される。

大型爆撃機が編隊を組んで行なう水平爆撃は、投弾量は多くなるものの、小さな目標に対する命中率は低い。

爆撃時の高度を下げれば命中率は向上するが、マイナスとして対空砲火による損害が続出する。

日本の陸海軍では爆撃手としてベテランの下士官を採用し、訓練につぐ訓練を重ねてきた。そしてこの爆撃手は、操縦士よりも大切に育てられたのである。

しかし、アメリカ陸軍航空隊は、水平爆撃の命中率を向上させる手段として、爆撃照準器の精度をあげるために全力を投入する。

そして、簡易計算器と爆撃機自体の操縦システムを連動させたノルデン爆撃照準器を完成させるのであった。

このノルデン照準器（初期型のMK2の場合）を利用して爆撃したときの精度は、従来のスペリーMK3と比較して、

高度六〇〇〇メートルからでは一八パーセント

高度七〇〇〇メートルからでは二八パーセント

も向上した。そして一九四四年に登場した改良型では、それぞれ二〇パーセント、三一パーセントまで再度、向上するのである。

この値は搭乗時間二〇〇時間程度、六ヵ月の爆撃手訓練を受けた者一八〇人の平均値である。

条件が異なるので、日本軍の爆撃精度と比較するのは難しいが、日本の〝名人級〟爆撃手
アメリカの平均的な爆撃手プラスノルデン式照準器
を比べた場合、間違いなく後者の精度が勝っていたと考えてよい。
この爆撃照準器以外にもアメリカ軍は人間の能力の限界を突き破る、あるいは能力を補佐する機器をつぎつぎと開発し実用化する。
対空砲がなかなか命中せず、敵の航空機を撃墜できないとなれば、
㈠、五インチ砲
　　新型射撃統制システム　MK37
　　射撃用レーダー　MK12
　　マジックヒューズ　近接信管
㈡、四〇ミリボフォース機関砲
　　MK49方位盤とMK19レーダーの組み合わせ
㈢、二〇ミリ機関砲
　　リング照準器とMK51連動方位盤型照準器のデュアル・ポイント
といった新照準システムを開発した。

日本海軍が戦艦の主砲用としてようやく射撃用レーダーを実用化している頃、アメリカ軍は四〇ミリ機関砲（四連装タイプ）にまでレーダーを取り付ける。

一九四四年五月、米海軍はこれに加えて三インチ砲のレーダー照準システムも完成させ五、三インチ、四〇、二〇ミリと長、中、短射程の対空砲を全部統一して運用しはじめていた。

昭和一九年の秋以降に実施された日本陸海軍の体当たり攻撃機は、この優れた対空火器のシステムによって、その多くが突入直前で撃墜されてしまうのである。

そして、これらの対空砲を扱う兵士たちは、特別な訓練を必要とせず、四〇ないし六〇時間操作を学べば、充分実戦に役立つと判断されたのである。

ここでも〝名人〟と〝名人芸〟は必要なくなっていた。

日本軍はこの年の一〇月から〝特攻〟を実施するが、この頃アメリカ軍の対空火器の性能、そしてそれを扱う兵士の技術は最高のレベルに達していたのであった。

一方、日本軍の対空火器は、

陸軍　七・五センチ高射砲

　　　二〇ミリ機関砲

海軍　七・五センチ高角砲

二五ミリ機関砲を戦力としていたが、最後までレーダーとの組み合わせには成功しなかった。

またマジック・ヒューズと呼ばれた近接信管（射ち出された砲弾が航空機に接近すると、内蔵のコイルに高圧電流が流れ、爆発する）など一部の研究者の頭の中にあるだけであった。

米空母エセックス艦上の40ミリ・ボフォース機関砲（手前）と5インチ連装高角砲

昭和二〇年初頭に陸軍が出した対空砲部隊の兵士に対する通達では、

「対空射撃という任務を担う兵士は、すべて名人とならねばならぬ」

といった抽象論を強調しているのみであった。

兵士自身がそれぞれの担当する職務について、名人を目指す心意気を持つのは大切なことに違いない。

しかし、上層部がそれに頼っているようでは、戦争に勝てるとはとても思えないのである。

陸軍と比較して進歩的とされていた海軍でさえ、日本海海戦（一九〇五年／明治三八年）の勝利者であった東郷平八郎の言葉である、

「百発百中の砲一門は、百発一中の砲百門に勝る」

を金科玉条としていた。

これこそ名人礼賛以外の何ものでもなく、近代海軍には無用のことわざであった。

これに対し第二次大戦のアメリカ軍は、きわめて合理的であった。

前述の爆撃照準器、対空砲のシステム化以外に、人間の能力不足を補う機器をつぎつぎと開発していった。

高高空においてエンジンの出力減少から航空機の能力が低下する、と聞けばすぐにターボ圧縮機（排気利用のスーパーチャージャー）を造り出した。

上陸作戦時、歩兵が砂浜で容易に動けないとなれば多数の水陸両用車を、それもタイヤ付き（DUKW353ダック）およびキャタピラ付き（LVT2／3）のふたつのタイプを揃える。

爆撃機の防御用機関砲の命中率が低いと言われれば、未来位置を予測する簡易計算機付きのスペリーMK39照準器を用意する。

この素直で率直な対応が日本、ドイツ軍と比較して、規律も緩く、なんとなくだらしなくさえ見えるアメリカ軍の強さともいえる。

一言で言い表わせば、結局のところ、「精神主義と物理的合理性の対比」であろうか。これを拡大していくと、日米両国民の比較民族学まで発展していかざるを得ないようである。

10 情報の収集と分析について

日本軍が戦闘に当たって補給を重要視しなかった事実については、すでに説明した。これが日本軍（とくに陸軍）の最大の欠点であったが、ほかにもうひとつ、指摘すべきマイナスの面が存在した。

それは〝情報〟の軽視である。

これに関しては、戦後すぐにアメリカが送り込んだ〝戦略爆撃調査団US・SB

S〃の報告がある。

蛇足ながらSBSは、名前こそ爆撃調査となってはいるが、日本の戦力全般、アメリカ軍の攻撃の効果全体を詳細に調査している。

さて、この調査団は、日本の情報戦について次のような総論を得ていた。

㈠、陸海軍は統一した情報の収集機関を持たず、また互いに円滑な連絡を欠いていた。したがって（陸海軍の）一方の側がきわめて貴重かつ有益な情報を握っていたときでさえ、もう一方へそれを伝えていない。

㈡、情報関係のポストへ優れた人材を配属せず、人員もまた少なかった。日本軍において情報の分析は、二次的な任務とされていた。そのため重要な情報を得ても、それを積極的に生かそうとしなかった。

㈢、軍隊内にはびこる神がかり的な精神論が、現実的な情報活動を阻害していた。戦争、戦闘を効果的に行なうための必要な準備さえ、精神論が抑え込んでいる。

㈣、攻撃第一主義があらゆる情報に優先した。

㈤、かなり効果的な航空偵察とそれに付随した写真が得られたあとでも、これを科学的に分析したという記録は見当たらない。

このようなアメリカ側の分析結果は、現在の時点から見ても納得できるものばかりである。とくに陸海軍の枠を越えた情報交換の組織がなかったことは致命的であった。

それでは次に、日本側から見た情報収集と分析について調べていこう。これに着手してみると、我が国にこの種の資料が少ないことにまず驚かされる。

日本海軍の場合、仮想敵国が昭和一二年(一九三七年)頃よりアメリカであることがはっきりしていたため、情報収集はそれなりに進んでいたようである。

開戦直前にはアメリカの軍艦の性能分析、艦隊の配備状況、建造量などかなり正確に把握していた。

また、航空機が撮影してきた写真の解析技術も、いくつかのマニュアルが作られていたこともあって一応の水準にまで達していたと思われる。

それでもアメリカ、イギリスの情報部がすでに開発していたステレオ解析器(立体読み取り装置)は持たぬままに終わっている。

戦闘直前における航空偵察はミッドウェー海戦時の失敗を反省し、その後は重視された。とはいっても、やはり戦闘機、爆撃部隊に重点が置かれ、偵察機を軽く見る傾向は変わっていない。

それが昭和一九年二月一七日のトラック島の大損害につながってしまったことは、よく知られている。

海軍もけっして情報収集とその分析に熱心とは言えなかったが、それに輪をかけたのが陸軍であった。

陸軍はすでに昭和一二年から中国と交戦状態にあって、毎年二万人近い戦死者を出しつづけていた。

そのほか張鼓峰、ノモンハンで極東ソ連軍と激戦を交えたこともあって、アメリカ、イギリスに対しては無関心に近かった。

開戦時の大本営第二部（情報担当）を見ても、

第五課　ソ連担当

第六課　欧米担当

第七課　支那（中国）担当

であって、アメリカ、イギリスはひとつの課の担当となっている。

また他の主な交戦国オーストラリア、ニュージーランド、オランダなどについては、担当する部署もないまま戦争がつづけられた。

それどころか、日本陸軍が真剣にアメリカの情報収集に着手するのは、なんと昭和一八年一〇月からである。戦争がはじまってからすでに二年が経っている！

この手ぬるさにも驚かされるが、問題はこれに従事するスタッフの少なさである。日本という国の命運を賭けた戦争を闘っていながら、敵国の情報収集・分析にたずさわっている軍人の数はわずか二三名にすぎなかった。

前述の第二部第六課の米英課（欧米課を一八年一〇月に改称）は、

課長（大佐）、高級課員（中佐）各一人

分析参謀二名、補助員二〇名

であった。暗号の解読作業などは別の組織で行なっていたが、それにしても大国アメリカ、イギリスの生産力、軍事力まで調査しようという部署のスタッフがたった二二名とは……。

さすがにこれでは少なすぎると思ったのか、一八年一一月から「戦況分析、研究グループ」が加わり、総数四〇名となった。この四〇名が対米情報戦争の中核となったのである。

一方、アメリカ軍は一九三九年（昭和一四年）から対日戦略を見直し、ＯＳＳ（戦略局）を中心に大規模な組織を編成した。

近い将来、日本との戦争が勃発する可能性が高いとみて、それまで四五〇名（一九三五年）体制であったものを、一挙に一三〇〇名に増員する。これが開戦とともに一八〇〇名にまでなるのである。

そのうえ、地図、地誌作製のスタッフは別に揃えていた。

先に述べた日本軍大本営の第六課四〇名の中には、地図作製員も含んでいるのである。それぞれの方面軍、部隊、戦隊にも同じような情報収集・分析班が存在したことはいうまでもないが、戦争を遂行している中枢の情報部のスタッフの数は、日本の一に対してアメリカは四五であった。

正確をきすために書き加えておくが、時間とともに第二部第六課も増強される。それでも最終的に六五名にとどまったのであった。

これほど同じ仕事、任務に従事する者の数に差があっては、個人の優秀性などほとんど影響しない。

強いアメリカは豊富な情報を入手し、貧しい日本は見る間に取り残されていく。

そして昭和一九年二月のトラック島の闘いを境にして、日本軍はすべての闘いに敗れていくのである。

その根本には、情報の収集・分析力の差があったことは言うまでもない。

この分野でも、日本は大きく立ち遅れていたのであった。言いかえると、その原因のすべては、技術でも、投入した費用の額でもなく、「情報というものの価値をいかに評価するか」という一点に絞られている。

情報というものが、

㈠、戦闘の勝敗に決定的な影響を与え、

㈡、たとえ敗れた場合でも、損害を減らすことにつながるとアメリカ、イギリスは気づいていた。

SBS(ヨーロッパ班)は、ドイツ軍のこの分野を調査した結果として、「情報収集に関して米英と同様に努力を払い、ほぼ同じ量を入手していた。ただしその分析と活用においては、いちじるしく生彩を欠いていた」と報告している。そのことから、

日本軍の場合「収集、分析、活用とも充足とは言えず」

ドイツ軍の場合「収集に優れてはいたが分析力不足」

との結果であった。

ドイツ軍の情報分析、活用が充分でなかったとする論拠、原因なども非常に興味深いところではあるが、本論との関連は薄いので省略する。

第二部

1

恐ろしいほどの思い上がりと無駄／陸軍が造った潜水艦と航空母艦

日本にとって第二次世界大戦は、その名の通り太平洋戦争（太平洋をめぐる戦争）であった。

もちろん中国との戦争（日中戦争／日華事変）も続いていたが、それは我が国の運命を直接左右するほどのものではなかった。

結局のところ戦争の様相は、太平洋上における制海権と重要な拠点となり得る島々の争奪であった。

その意味から主役はあくまで海軍であり、陸軍は脇役に甘んじている。

この戦争の戦史を繙けば、陸軍は一度として大規模な野戦を経験しないまま敗れたことがわかる。

緒戦のマレー半島、シンガポール要塞の攻略に成功すると、しばらくの間、陸軍の大作戦はまったく行なわれなくなってしまった。

次のニューギニア、ビルマ（現ミャンマー）、ガダルカナルの闘いも、密林の中での戦闘となり、大兵力が真正面からぶつかり合うという形ではない。

そしていつの間にか、勝利の要因は航空戦力と戦場への輸送力となる。

前述の戦場で敗れ、ようやくにしてこの事実に気づいた陸軍は、その対策として他国の軍隊が思ってもみない〝新戦力〟の創設に着手する。

それは、いずれも陸軍そのものが開発、建造、保有する、

㈠、輸送用潜水艦

㈡、航空母艦

であった。世界広しといえども、陸軍が独自に潜水艦、空母を保有したという例は他にはない。

たしかに日本海軍は、昭和一七年一〇月の南太平洋海戦を最後として勝利から遠去かってしまってはいた。

海軍航空部隊は緒戦時の輝きを失い、また陸軍部隊を乗せた船団の護衛も失敗つづきであった。そのため、陸軍が「海軍頼りにならず」といった心境に移っていったのも理解できる。

とくに精鋭の師団を乗せ、駆逐艦に厳重に守られているはずの輸送船がつぎつぎと沈められ、将兵は闘う前に溺死し、貴重な資材が海底の藻屑となっていった。

この現状を目の当たりに見て、陸軍の首脳は歯軋りしていたに違いない。

しかし、「海軍頼りにならず」という意識が、即独自の潜水艦、空母の建造保有に結びつくところが陸軍の奢りと無知を如実に表わしている。

小型の水上艦ならいざ知らず、潜水艦と航空母艦は、軍艦のなかでももっとも特殊な船である。

日本海軍は伝統的に最優秀の兵員を潜水艦に配置していたが、それだけ潜水艦という艦種は事故が多く、また運用は難しいと考えていたのであろう。

一方、空母についても一朝一夕に建造できるものではない。

戦艦、巡洋艦では優秀な実績を残したドイツ、イタリア海軍でも、最後まで航空母艦を実用化することはできなかった。いや実用化どころか、完成させられなかったのである。

ドイツ海軍のグラーフ・ツェペリン、イタリア海軍のアキラ、スパルビエロの三隻は、船体、飛行甲板まで出来上がったところで、工事は中止された。海軍の戦略構想の変化、戦局の推移などの原因もあろうが、独、伊海軍が最後まで空母を持ってなかったことは事実である。

そのような事情を知ってか知らずか、陸軍はともかく潜水艦と航空母艦を手に入れようとした。それも海軍からの譲渡ではなく、独自の構想による専用の軍艦である。

それでは、次にそれらの実力を探ってみよう。

○潜水艦

昭和一七年の夏からはじまったガダルカナルをめぐる戦いにおいて、日本軍の輸送船団はアメリカ軍航空部隊によって壊滅的な打撃を受けた。

輸送船と同じ数の軍艦が護衛につき、上空に多数の戦闘機を配してもなお、鈍重で低速の貨物船の群れを守るのは困難であった。

多数の兵士、火砲、戦車まで載せた船がつぎつぎに沈められると、次の段階として潜水艦による輸送計画が考えられたのは当然である。

一八年の初めからは、海軍の潜水艦の半数が――敵艦隊への攻撃を中止してまで輸送の任務につく。

一方、三月に入ると陸軍は、海軍とは相談せずに輸送用潜水艦の開発に踏み切った。

その要目と性能は、排水量二七〇〜三七〇トン、全長四一メートル、速力一〇ノット（一八キロ／時）で、食糧、弾薬なら二四トン、歩兵なら約四〇名を運ぶことができる。

積載量二四トン、あるいは兵員四〇名では輸送力があまりに少なすぎ、ほとんど戦力に寄与しないが、陸軍の上層部は、この輸送用潜水艦の大量建造を決定する。

この計画は〝�〟と呼ばれた。〝ゆ〟は輸送を意味している。

まず、第一ロットとして二〇隻、運用状況をみた上でなんと四〇〇隻の大量建造を行なう。

日本海軍が開戦時に有していた潜水艦の総数が大小合わせても一二〇隻程度であったことを考えると、まさに莫大な数といえる。

この大計画を、陸軍は海軍側にまったく知らされぬまま、実行に移したのであった。

建造は造船所ではなく、機関車、ボイラー、鉄橋などを造っている工場で行なわれた。

半年後、海軍はようやくこの事実に気づき計画の中止を求めたが、もちろん陸軍は

陸軍輸送用潜水艦㋴艇——ガ島戦で孤島への補給に苦しんだ陸軍が独自に開発、昭和18年暮れに完成し、3隻が実戦に投入された

これを受け入れるはずはなく建造はつづく。

このため海軍も仕方なく、技術者を応援に派遣せざるを得なかった。

海軍の本音としては、

「何を言っても陸軍は計画を中止するはずはないから、勝手にやらせておく方がよい。もし万一成功すれば、船団護衛の任務から解放される。失敗となれば海軍に頭を下げてアドバイスを求めてくる」

といった程度のものだったのだろう。

驚くべきことに、陸軍の潜水艦はわずか一年足らずで第一号艦が完成、その後も続々と建造されていく。それとともに乗組員となる陸軍軍人の訓練もはじまった。

そして昭和一九年五月、三隻の陸軍潜水艦はフィリピン方面への輸送に出発した。

しかし、その直後から故障に悩まされ、マニラで再整備のうえ半年後にふたたび出

発したが、
一号艇　急速潜航に失敗して沈没
二号艇　オルモックへの輸送途中行方不明
三号艇　米軍機の攻撃により沈没
という悲惨な結果に終わっている。
乗組員たちの必死の努力にもかかわらず、戦局にはまったく寄与できなかったのである。
いかに輸送が目的とはいえ、海軍の優秀な潜水艦さえ生き延びることが難しくなっている時期、「急造で低性能、かつ経験のない乗員によって運用される」潜水艦が、まったく活躍できなかったのはしごく当然といえる。
乗員の大部分は、なんと「機械に慣れているから」という理由からまわされてきた戦車の搭乗員であった。
このようにして世界でただひとつ、陸軍が育てて実戦に投入された潜水艦とその部隊の運命は、惨めなものに終わってしまったのである。
日本国内の鉄工所には、建造途中の潜水艦の残骸が多数残され、また貴重な資材も山積みされたままであった。

陸軍の恐ろしいほどの思い上がりによる資材、労力、人命の無駄使いの、あまりに明確な実例といえよう。

○航空母艦

さすがに陸軍の空母には、海軍のそれのように多数の戦闘機、攻撃機を搭載して、敵の機動部隊を強襲しようとするほどの能力は考えられていなかった。

船体の長さ一五〇メートル、排水量一万トン程度の高速貨物船を改造して、対潜用航空機一〇ないし二〇機を運用するものである。

着艦制御装置、エレベーターなども備えており、外観も本格的な空母に近い。

陸軍の空母には秋津丸、熊野丸、山汐丸、千種丸といった商船と同じ船名があたえられ、四隻が完成した。このうち実戦に投入されたのは、三式指揮連絡機（キ76）を運用した秋津丸だけであった。

キ76は短距離離着陸を得意とする軽飛行機に近い機体で爆雷を抱き、もっぱら対潜哨戒の任務についている。

秋津丸は本格的な航空母艦とは呼べないが、その一方で陸軍は九七式戦闘機が運用可能な空母の建造も考えていたようである。

これらの空母の任務は沿岸航路を行き来する輸送船団をアメリカ海軍の潜水艦から守るための〝対潜哨戒〟で、これといった戦果も損害も記録に残っていない。低速の航空機と軽空母の組み合わせが、潜水艦の制圧に大きな効果のあることは事実だから、秋津丸とキ76は、うまく運用すればそれなりに活躍できたはずである。

しかし、海に慣れていない陸軍が運用したのだから、結果は初めから眼に見えていた。これはやはり海軍に任せておくべき分野だったのである。

大砲や戦車はもちろん、歩兵にあたえる小銃さえ不足している現実には眼を向けることなく、陸軍は貴重な資材、労力、時間を費やして、役に立たない潜水艦造りに熱を入れた。

冷静に見た場合、これは日本の国力、陸軍の戦力を意識せずに削減した〝利敵行為〟に近い。航空母艦にいたっては、海軍を尻目にこれを自由に運用するなど夢物語であった。

しかし、もっと驚くべきは、このような無謀かつ無益な計画をだれひとり止めようとする者がいなかったという事実ではあるまいか。

放っておけば陸軍の計画はますます増長し、敵の陣地砲撃用の戦艦さえ建造したいと言い出しかねなかった。

一方、海軍にも陸軍につけ入れられるような理由が多々見られた。

それはなんといっても、次の二点である。

一、陸軍部隊を乗せた輸送船団の護衛任務に失敗したこと。

その典型的な例が、米軍機の攻撃により八隻からなる船団が全滅した〝ダンピール海峡の悲劇〟（昭和一八年三月二～四日）である。

二、海上交通路、いわゆるシーレーンが、アメリカ潜水艦によって完全に遮断され、東南アジアからの物資の輸送が不可能になったこと。言い変えれば、海軍が対潜掃討に失敗したこと。

海軍は〝艦隊決戦思想〟をあまりに重視し、船団護衛、シーレーン確保といった地味な戦闘分野を軽視していた。

そのツケは高くつき、陸軍の空母、潜水艦の保有を認めざるを得ない状況を作り上げてしまったのである。

2　潜水艦をめぐる問題

大量建造の明暗

第二次大戦のふたつの主要な戦域（アジア、ヨーロッパ）のどちらにおいても、潜水艦はきわめて大きな役割を果たした。

大西洋について述べれば、ドイツ海軍のUボートはイギリスにとって唯一の脅威であった。

ルフトバッフェ（ドイツ空軍）のロンドン爆撃も、またV1、V2ロケットによる攻撃も、イギリスに対して決定的な打撃をあたえ得ず、Uボートのみが同国を締め上げる直前まで追い込んだのである。

一方、太平洋にあってもアメリカの潜水艦は大いに暴れまわった。

日本海軍の戦艦、航空母艦さえ、米潜水艦によってつぎつぎと撃沈されている。とくに戦力の中心たる空母については、超大型の「信濃」「大鳳」が犠牲になってしまった。

このほか、重巡洋艦、駆逐艦でさえ〝眼下の敵〟によって十数隻が沈められた。

しかし、アメリカの潜水艦は別の意味から日本の死命を決したのである。

それは日本から南の戦場への兵員、兵器の輸送、逆に南の地域からの石油を中心とする物資輸送の妨害、阻止であった。

これに関しては、別章でも触れているので繰り返さない。ここでは潜水艦をめぐるいくつかの事項について、日米の意識の差を取り上げていく。

大量建造をめぐる問題

いったん戦争になれば、一隻でも多くの潜水艦が欲しくなるのはどちらの側も同じである。

特別小型の、いわゆる〝潜航艇〟をのぞくと、開戦時の両軍の潜水艦戦力は数え方にもよるが、

日本海軍　六四隻

米海軍　一一〇隻

潜水艦について米国はガトー級のみに絞り、大量建造を行なった。写真は空母「信濃」を撃沈したアーチャーフィッシュ

であった。

しかし、アメリカは大西洋にも潜水艦を配備しなければならなかったので、数から言えば、日本に多少有利であったといえようか。

なお、それぞれの潜水艦の種類は、

○日本側

大型の伊（イ）号　排水量約二〇〇〇トン

中型の呂（ロ）号　排水量約一〇〇〇トン

が混在しているが、イ号が中核。

このイ号は大型、重装備で長距離作戦が可能であった。

○アメリカ側

大きさからいって日本のイ号とロ号の中間であり、排水量は一五〇〇〜一六〇〇トン。特長として水上速力が大であった。ほかに小型のもの（Sクラス・排水量九〇〇トン以下）があるが、沿岸防御用としてのみ使われていた。

さて、戦争が激しくなると潜水艦の損失は急増する。水上艦の場合と異なり、一人の生存者もいないような悲惨な最後を遂げるものも続出した。

これを知った両海軍はただちに潜水艦の大量建造に着手するが、艦内が狭く、二重構造にしなければならない部分も多いため、その労力は大変なものであった。

開戦後約半年、両海軍は申し合わせたように大量建造計画を立案し、実行に移す。しかし、その内容は次のごとく大きく異なっていた。

日本側は総数を一三九隻と決めた。

内訳は超大型　イ四〇〇型　一八隻　一三パーセント

大型（航洋型、巡潜とも呼ぶ）七八隻　五六パーセント

中型　ロ三五型など　四三隻　三一パーセント

である。

このうち超大型の潜特（イ四〇〇型）は、最大水中排水量六五〇〇トンの巡洋艦なみの大艦であり、飛行機三機を搭載できる。

大型の巡潜は、性能も良いかわりに建造には多くの資材、労力を必要とした。

中型のロ三五型こそ、性能は平凡ではあったが量産しやすく、また運用が容易な潜水艦といわれた。

戦争はすでにはじまっているのだから、どう考えても中型の大増産を行なうべきであるのに、相変わらず日本海軍は大型の巡潜にこだわっていた。

そのうえ、一隻で中型五隻の建造量を喰うとされた潜特を一八隻も揃えるつもりである。それだけではなく、建造中の潜水艦にはつぎつぎと改造の要求が寄せられ、完成は遅れに遅れた。

他方、アメリカはこの正反対の建造計画を強引に押し進めるのである。

一九四二年五月、米海軍は一八〇隻の潜水艦の大量建造を決定、それもわずかひとつの艦種（ガトー級）に絞った。同時に建造中の潜水艦については、いっさいの改造、改良工事を認めないことにした。

ともかく、『毎朝食卓にのるパンの如く』潜水艦を造るのである。

太平洋、大西洋岸だけでなく五大湖の造船所でも建造し、ハシケにより外海へ運ぶ方法もとられた。

改造、改良工事に関しては、次のようなエピソードも伝えられている。

ガトー級の兵員用のトイレの便器の位置を変えるといった簡単な要求さえ、米海軍は却下した。

便器の位置を移動させれば、当然給排水管の長さを変えねばならず、材料も新たに揃えなくてはならない。

このためだけに六～八時間の作業が必要となり、完成、就役がそれだけ遅れるというのが却下の理由である。

米海軍は、これほどまでに真剣に潜水艦の数を増やそうと努力していた。そしてその努力は着々と実を結び、ガトー級潜水艦は毎朝ともいかぬものの一週間に一隻という信じられないほどのスピードで数を増していくのである。

太平洋戦争におけるアメリカの潜水艦は、ガトー級一艦種のみと考えても間違いないほど大量に建造されたのであった。

日本海軍もさすがに潜水艦の艦種を整理すべき、との結論にようやく達するが、それは開戦後二〇ヵ月（昭和一八年七月）もたってからである。

先の計画を中止し、中型とこれまでの中型と小型の中間的な潜水艦を合わせて一〇六隻造ることを決める。しかし、すでに建造中の大型潜水艦もあって、計画の変更はまた混乱を招いていた。

そのうえ同年一〇月には、より小型、高速の潜水艦（潜高型）を中心とする計画に再変更されたので、現場はますます混乱を深めていく。

結局、潜特は計画一八隻中三隻、巡潜は七八隻中わずか一隻が完成したにすぎなかった。

中型については前述の新計画に吸収されたため、このクラスのみの隻数を確定するのは難しい。

結局、大戦中の日本海軍は潜航艇をのぞいて一二六隻（大部分は小型）を完成させた。これを正確に分類するのは困難だが、大別すると六艦種となる。

大は六五〇〇トンの潜特型から、小は四四〇トンの波（八）号まで、まさに色々と種類だけは取り揃えていた。

排水量五〇〇トン以下の小型艇は、航続力からいって活躍の場は限られる。

アメリカ海軍は一五〇〇トンのガトー級（後期の改ガトー級を含む）に的を絞り、じつに二〇〇隻を完成させるのである。

貧しく、建造能力に劣る日本が大小各型まで手を伸ばし、一方、豊かで能力も高いアメリカがひとつの艦種を大量に造る。

どう考えても、利はアメリカの側にあったようである。

大戦中の日米海軍の主要な艦艇建造数を見ていくと、

	日本	アメリカ
航空母艦	一四隻	一三六隻
戦艦	二隻	八隻
巡洋艦	六隻	四八隻
駆逐艦	六三隻	三一〇隻
潜水艦	一二六隻	二〇〇隻

（注）資料によって異なる。戦艦には超大型巡洋艦（アラスカ級）も含む

となる。一目で判るとおり、空母にいたっては八倍、他の艦艇も五～七倍も建造した。

しかし、潜水艦についてはその差が二倍に達せず、均衡していたのである。つまり、対等に戦えるだけの隻数を建造し得たといってよい。

もっともその内容を見ていくと、潜特（イ四〇〇潜）三隻、および昭和二〇年に完成した小型艇は、訓練が遅れに遅れ、結局出撃しないままに終わってしまった。潜特にしろ潜高にしろ、いずれもそれまで建造された潜水艦と大きく異なっているので、取り扱い説明書の作製だけでも数ヵ月かかっていると思われる。

一方、アメリカ海軍はガトー級一種類なので、訓練に要する時間も短くてすむ。

太平洋戦争においてアメリカの潜水艦は、日本の、

艦艇　二一四隻　　五七万七〇〇〇トン

商船　一一八〇隻　五〇五万三〇〇〇トン

を撃沈したが、損失は四一隻、乗組員の戦死三五〇〇名と非常に少なかった。

日本の潜水艦の戦果は、艦艇についてはアメリカの五分の一、商船については二〇分の一にすぎなかった。これはけっして攻撃行動が消極的だったわけではなく、作戦可能な潜水艦の数の問題であった。

戦争の中期、太平洋上を敵を求めて走りまわる潜水艦の数は、日本の五ないし一〇隻に対してアメリカ海軍は三〇ないし五〇隻を投入できた。

そうであれば、戦果に差が出るのは当然であろう。

とくに排水量六五〇〇トンの大型潜水艦は、もっとも闘いが激しかったとき、戦局になんの寄与もできなかったのである。それだけではなく、大量建造を阻害する要因となってしまっていた。

日本海軍の潜水艦隊の首脳、責任者は一度でも〝軍事的な効率〟とか〝実戦における兵器の運用〟といった面を真剣に議論、研究したことがあったのであろうか。

対潜水艦戦闘をめぐるいくつかのエピソード

ここでは前稿の後をうけて、対潜水艦戦闘をめぐるいくつかのエピソードを掲げておく。

その前に明らかにしておくべきことは、戦争とはその国の国民性を様々な面で明らかにする要素を含んでいるという事実である。

海戦ひとつとっても、

○華々しい大艦隊同士の衝突（最長でも三日程度）

○長期にわたってつづく潜水艦相手の闘いがあり、それらはまったく別のものである。そして、我々は間違いなく前者に眼を奪われてしまう。

しかし、太平洋、大西洋のどちらを見ても国家の存亡を決定する意味からは、重要度は同じであった。

○〝粘り〟の重要性

航空母艦や戦艦が参加する大海戦と異なって、対潜戦闘はなんとも地味である。見えない敵を相手に何日間も闘いはつづき、そのあげくたとえ敵艦を撃沈しても、それが確認できない場合も多い。

海戦の場合、敵の発見、交戦、追撃（あるいは退避）と時間はせいぜい一日から二日、長くとも三日、といったところである。

しかし、船団とその護衛艦対潜水艦群（これを群れた狼、群狼と呼ぶ。ウルフパックの直訳である）の死闘は、ときには一週間も続くのであった。

この間、一瞬の油断が敵潜の反撃を誘い、それはすぐさま死へと結びつくのである。昼夜を問わず襲いかかってくる狼の群れから、鈍重で大きな輸送船を守りつづけるのは並みたいていのことではない。

守る側は四六時中、攻める側は自分の都合のよいときを見計らって襲うわけだから、負担は間違いなく前者に大きい。

したがって、いったん敵潜を発見したら、いかなる犠牲を払っても、またいかに長くかかろうとも撃沈するまで追い立てていく。

これが対潜戦闘の基本である。

この種の闘いになると信じられないほどの粘りを発揮するのが、イギリス海軍であった。それは、敵の大艦隊に向かって突撃していくのとは違った勇気を必要とする。

刻々と変わる海況、重なっていく乗組員の疲労、そして敵はいないのではないかという疑念、無駄とも思える探索の続行。

敵の潜水艦よりも、こちらの方がよほど恐ろしい相手なのかも知れない。

第二次大戦時、大西洋における闘いのほとんどすべてが、ドイツ海軍のUボートとイギリス海軍の対潜艦艇の死闘であった。

ヨーロッパ大陸の大部分はナチス・ドイツの支配下にあり、イギリスは完全に孤立した島国である。

〝新世界〟であるアメリカ、カナダからの輸送船団コンボイが到着しなければ、この国と国民は完全に干上がってしまう。そのため、コンボイのエスコートに成功するかどうかが、戦争の勝敗に直結する。

ドイツ海軍の航空、水上艦戦力はそれほど強力とは言えず、Uボートだけがイギリスの生命線を遮断できた。

そのような判断が、イギリス海軍のすべての将兵に行きわたっていたためもあって、対潜戦闘はきわめて粘り強く実施された。

いったん敵潜と接触したら、何日かかろうとそれに喰いつき、とどめを刺すまで攻撃をつづける。

そして敵の潜水艦を撃沈したといっても、はっきりした証拠物件（たとえば破片、乗組員の遺体）といったものを揃えなければ、それは認められなかった。

この種の闘いの最長の例は、四隻の護衛艦が六日間にわたって一隻のUボートを追跡し、ようやく仕留めている。

このような戦闘になると、イギリス人特有の粘りが遺憾なく発揮された。

逆に性格的に淡白な日本人は、地味で長い忍耐が必要とされ、また華々しい戦果も得られない闘いは苦手だったようである。

日本の対潜部隊は、短ければ二、三時間、長くても半日程度、敵潜を追うとそれで満足し、引き揚げてしまっていた。

別の面から見れば、これは結局のところ、上層部が対潜戦闘についての知識を持っていなかったということになる。

これは別稿で示した前方投射兵器の開発といった純技術的な問題とは別に、潜水艦の攻撃から味方の艦船を守るということに対する研究心の不足もまた露呈しているのであった。

○爆雷の形

爆雷（ディプス・チャージ）は、今日ではほとんど使われなくなってしまっているが、

第二次大戦時の主要対潜兵器である爆雷投射の一瞬間——写真は大西洋におけるイギリス軍のもの。左に投射器が見える

第一次、第二次大戦時における主要な対潜兵器、いや日本海軍にあっては唯一の兵器といってよい。

実物を見た読者はきわめて少ないと思われるので、ここで簡単に説明しておこう。

形は円筒型で、ドラム缶よりひとまわり小さい。

この中に爆薬、沈下速度を早めるためのオモリが入っており、中央部に信管がつけられている。

これが海中に投下され、一定の深度に達すると、水圧により信管の中のピストンが押され爆発する。

爆発深度は投下直前に、信管のダイヤルを回すことによって決められる。

爆薬の量が等しい場合、高性能の爆雷の条件として、

●沈降速度の大きいこと

●敵潜のいると推定される位置に、正確に沈んでいくことが挙げられる。

ところが、すでに述べたとおり爆雷はドラム缶の形をしているので、沈下速度はきわめて小さく、かつ水中で複雑な動きをするのである。

これを立証するため、三五ミリフィルムの空缶を使って簡単な投下実験を行なった。

偶然ではあるが、フィルムケースの形状は第二次大戦のさい使用された標準型の爆雷ときわめてよく似ている。

●ひとつは空缶そのままでオモリを入れたA型

●他のひとつは、同じ直径ながらカプセルの形にし、一方に小さなフィンをつけたB型

当然、重量は等しくしてあり、これを深さ一メートルの試験水槽に投下させるのである。そして水面から水底までの到達時間（沈降速度）と、水中の標的に対する命中具合を調べてみた。

本来なら、ふたつの形状抵抗係数を求めたり、フルード数（物体の代表長と水についての物理的相似則）も考慮しなければ正確な値を求めることはできない。

しかし、到達時間と命中率（正確には標的への接近距離を出し、標準偏差を求める）だけを調べるなら、大きな間違いは生じない。

この実験の詳細は省略するが、大要は次のとおりである。

沈降速度に関しては、B型はA型の約二倍に達する。逆に言えば水面から沈下したあと目標に達する時間は半分に縮まる。

したがって、命中率に関しては、爆雷の直径と爆発させる深さの比が一対三〇程度の場合、一・七倍に向上する。

実際の戦闘のさいには投下する軍艦がかなりの速度で航行しているので、もう少し誤差が生ずるかも知れないが、それでも爆雷の形をドラム型からフィン付きカプセル型に変えるだけで、「沈下に要する時間を二分の一に、命中率を一・五倍に向上」させ得たはずである。

素人が考えても、爆雷の形はカプセル形が適当で、簡単なフィンをつければ真っすぐに沈んでいくことがわかる。

ところが、世界中の海軍の軍人は、だれひとりとしてその事実に気づかなかった。あるいは気づいていても、改良しようとしなかった。

爆雷の形を変えることなど簡単で、費用も時間もそれほどかからない。それでも改良に着手しなかったのは、どのような理由からであろうか。

一言でいえば、「組織としての軍隊の硬直性」としか考えられないのであった。

少ない。

潜水艦に搭載できる魚雷（トーピード）の数は、一般の人々が考えるよりもかなり少ない。

潜水艦用の魚雷は長さ七メートル、直径五〇センチ、重さ一トン近い寸法重量だから、大型潜水艦で二〇本前後、小型で一〇本にすぎない。

したがってかなり貴重な攻撃兵器であり、相手が単独航行している商船、輸送船であればなるべく魚雷を使いたくないのである。

○商船の砲座

第二次大戦中までの潜水艦は、いずれも甲板に三インチ（七五ミリ）、四インチ（一〇〇ミリ）、五インチ（一二七ミリ）口径の大砲を装備していたから、これを使って仕留める。

潜水艦は浮上して敵の船舶を追いかけ、この大砲の砲撃で沈めるのである。

敵艦が浮上してくるのであれば、商船もこれに対抗することができる。

あらかじめ甲板に二、三門の大砲を据え付け、乗組員に砲撃戦の訓練をさせておけばよい。

船の乾舷（水面から甲板の上部までの高さ）が高い分だけ商船の側が不利ではあるが、浮力（予備浮力）といった面から見ると、潜水艦も充分とは言えない。

商船が放つ一弾でも命中すれば、潜水艦も撃沈される可能性が大なのである。実際に、商船の反撃により潜水艦が撃沈された例はいくつも見ることができる。

さて、商船に大砲を据えつけるためには、船体の各所に補強工事を行なわなくてはならない。

甲板の下にストリンガーと呼ばれる鉄骨を溶接し、強度を高めておく。さもないと大砲の発射の衝撃で、甲板が歪んでしまうのである。

ここでイギリス海運界の知恵と、将来の予測が見事に開花した。

イギリス政府は平時から自国で一〇〇〇トン以上の商船（一部の客船、フェリーを除く）を建造するさい、船首と船尾に大砲を据えつけるための補強を義務づけていたのである。

これは第一次世界大戦の最中、一九一六年に制度化され、戦争が終わっても続けられた。

このため一九三九年に第二次大戦が勃発すると、すべての商船にすぐさま大砲を装備することができた。そして浮上攻撃してくるUボートに対しては、商船といえども堂々と反撃できるのであった。

アメリカを含めて他の国々は、敵潜水艦により自国の船舶に犠牲が出はじめてから、ようやくにして補強工事に取りかかったのである。

このイギリスの制度は一九五五年までつづいていたが、この頃から潜水艦が大砲を搭載しなくなったので廃止された。

戦争に備えるとは、たんに兵力を増強するとか、軍事費を増やすといったことのみではなく、このような準備もあるという事実を、イギリスの制度は我々に知らせているように思えるのである。

○ハンター・キラー戦術の成功

海中に隠れ、まったく姿を見せない潜水艦を見つけ出し、それを撃沈するのは、当時もまた現在でも至難の技である。

全長一〇〇メートル、排水量数千トンの鉄の塊りであっても、海はあまりに広いのである。水中にいる潜水艦を探し出す方法としては、

一、水中聴音／聴音器

二、音波探信／ソナー

三、磁気変化（地球磁場の変化）

四、温度変化（周囲との海水の温度差）
などがあるが、艦艇が装備するのは、このうちの一および二であった。
また対潜艦艇としては、探索と攻撃を同時に行なわなくてはならず、その複雑さは持てる能力を容易に発揮させてはくれない。
したがって、連合軍の主力たるアメリカ、イギリスの海軍、また枢軸側の日本、ドイツ、イタリア海軍も、いったん捕捉した敵潜を撃沈するチャンスを逃がしてしまう例も少なくなかった。
これを知ったアメリカ海軍は、できれば四隻、少なくとも二隻による対潜水艦戦闘グループ戦術を採用する。
二ないし四隻が、
狩り出し役　ハンター
攻撃する役　キラー
に分かれて、潜水艦を攻撃するのである。
狩人（ハンター）はともかく、キラーとは殺人者の意味であまりに露骨な名称だが、その効果は素晴らしかった。
この二種の役割は、それぞれが決まっているわけではなく、状況に応じてそのたびごとに入れ代わるのである。

ともかく、全部の艦艇がまず敵潜を探す。見つけたら、一部がハンターを宣言し接触をつづける。その指示にしたがって残りが攻撃するのである。

最初の攻撃で失敗したら、ハンターがキラーにデータを渡したあと、役割を交代し、撃沈するまで手を抜かず攻め立てる。

爆雷攻撃のあと、発生する大量の泡によって水中聴音器、ソナーとも使えないことが多いが、その間の空白の時間をハンターがカバーするのである。

アメリカ海軍は、日本の潜水艦相手にこのハンター・キラー戦術に磨きをかけ、同時に大西洋でもUボート撃滅に大きく貢献した。

しばらくしてイギリス海軍もこれを採用し、Uボート部隊を完全に押さえ込む。

このハンター・キラー戦術のさい、注目すべき点は、対潜艦艇がこのための特別な新兵器を装備していない事実である。

従来の軍艦を使い、その用法、戦術のみによって著しい効果を挙げた好例なのであった。

ここでもまた単に頭を切りかえ、これまでの戦術を見直すことによって、戦力が高められたといえるのではないだろうか。

残念ながら、日本海軍にはこのような発想の転換はまったく見られなかったようである。

○対潜水艦戦闘をめぐる怠慢

太平洋戦争のさい、日本の国力をもっとも効果的に削減したものは、ボーイングB29大型爆撃機と潜水艦である。

前者は主要な都市をつぎつぎと灰に変えていき、日本国民に勝利への希望が日増しに消えていく状況を見せつけていった。

一方、真の意味で日本を敗北に追い込んでいったのは、アメリカ海軍の百数十隻からなる潜水艦であった。

昭和一八年の暮れから日本海軍の潜水艦制圧能力の低さを知ったアメリカの潜水艦は、思う存分暴れまわった。

性能的には決して高いとは思えない米潜ではあるが、優秀なレーダーと日本軍の無策に力を得て、予想以上の戦果を挙げる。

それらをまとめてみると、

一、日本軍艦の撃沈

戦艦「金剛」、大型航空母艦「大鳳」「信濃」をはじめとして、軍艦二一四隻（五七・七万トン）を撃沈した。このうち軍艦については、アメリカ海軍の全戦果の四〇パーセントを占めている。

とくに昭和一九年以降は、本来なら〝天敵〟であるべき日本の駆逐艦までつぎつぎと沈めていくのであった。

二、海上交通路の遮断

この分野での米潜の活躍は、まさに目覚ましいの一言に尽きる。

まず日本本土、満州、朝鮮、そして中国大陸からいわゆる南方の戦場への兵力の移動を阻止したことから見ていこう。

大規模な輸送船団によってニューギニア、東南アジア、硫黄島などに大部隊を送ろうとする日本軍部の計画は、その針路に待ちかまえるアメリカ潜水艦によって徹底的に妨害された。

貴重な戦車、火砲、軍需物資は言うにおよばず、輸送船が撃沈されることにより、数千の将兵の生命が戦場に行き着く以前に失われてしまったのである。

いかに士気が高く、訓練を積んでいる陸軍の兵士といっても、船が沈み海面に投げだされたのでは、その能力を発揮するすべはない。

アメリカ軍の兵員輸送船は、ほとんど損害を受けることなく目的地に到着していたが、日本軍のそれは、船団そのものがアメリカ潜水艦によって全滅する場合も見られた。

三、日本本土の封鎖

日本海軍の軍艦が太平洋上から姿を消してしまうと、米潜の目標は南方から日本本土へ工業原料、食糧を運ぶ輸送船団に変わる。

仏印（現ベトナム）、タイ、シンガポール、ボルネオからの船団は、台湾海峡、沖縄、九州近海で思うままに撃沈された。

ドイツ海軍のUボートと同様に、四、五隻でチームを組んだ米潜は、レーダーと無線を活用して昼夜の別なく襲いかかる。図体が大きく、速力の低い輸送船は、なすすべもなく悲惨な運命を迎えたのであった。

別稿で述べるように、日本が小規模の船団をつぎつぎに出港させる方式をとったため、米潜群は効率の高い攻撃を実施できた。

四隻の護衛艦に守られた一八隻の大型船が、わずか一日の攻撃で全部沈められるという悲劇まで起こっている。これは、三隻の潜水艦による執拗な襲撃の結果であった。

また、日本近海から船団の数が減るとともに、米潜は新しい戦術をとりはじめる。港湾に多数の機雷を敷設し、沿岸交通網さえ破壊するのである。

太平洋岸はもちろん、日本海にさえアメリカ潜水艦は侵入し、機雷をバラ撒いていく。このため数百トン程度の小型輸送船であっても、動きがとれなくなってしまった。

日本を降伏に追い込んだアメリカ軍のもっとも効果的な兵器は、このように見ていく限り潜水艦であった。

さて、傍若無人に暴れまわるアメリカ潜水艦に対して、日本海軍はどのような対策をとったのであろうか。

●対潜護衛艦の配備
●陸上基地からの航空機の哨戒
●ほとんど間に合わなかったものの、対潜用空母の建造

この三点が中心となったが、いずれも数が充分でなく、性能的にも高いとはいえないものばかりであった。

また、この三つのすべてについて言及するだけの余裕がないので、対潜護衛艦とそ

の主要兵器である爆雷についてのみ考える。

日本海軍の駆逐艦、対潜護衛艦（海防艦と呼ばれる）が、潜航中、あるいは潜航しようとする潜水艦を攻撃するとき、使える兵器は爆雷だけである。

そして海中深く潜む潜水艦に対して、攻撃する側は爆雷を図のように、

●艦尾から投下する

●あるいは軍艦の両側（左右約二〇〇メートル）に発射器を使って放り出す

という二つの方法をとる。

爆雷は直径四五センチ、長さ一メートル程度、重量一六〇キログラムの円筒形で、水中に沈むと、あらかじめ調定された一定の深度で爆発する。

有効半径は相手の潜水艦の大きさ、深度にもよるが三〇メートル前後であろうか。

この投下、攻撃の方法、爆雷の威力などについては、第一次世界大戦（一九一四～一八年）の対潜水艦作戦とほとんど変わっていない。

つまり、兵器も戦術も二〇年以上にわたって改良も進歩もしないままであった。

また、図からもわかるように、水上艦艇が自艦の前方に敵潜水艦を発見した場合、命中がほとんど期待できない大砲のほかに攻撃する手段がないという事実にお気づきであろうか。

いま、自艦の前方五〇〇〇メートルに、潜航しようとする敵の潜水艦を発見したと仮定する。

軍艦は二〇ノット（時速三七キロ、秒速一〇・三メートル）で潜没位置に突進するが、

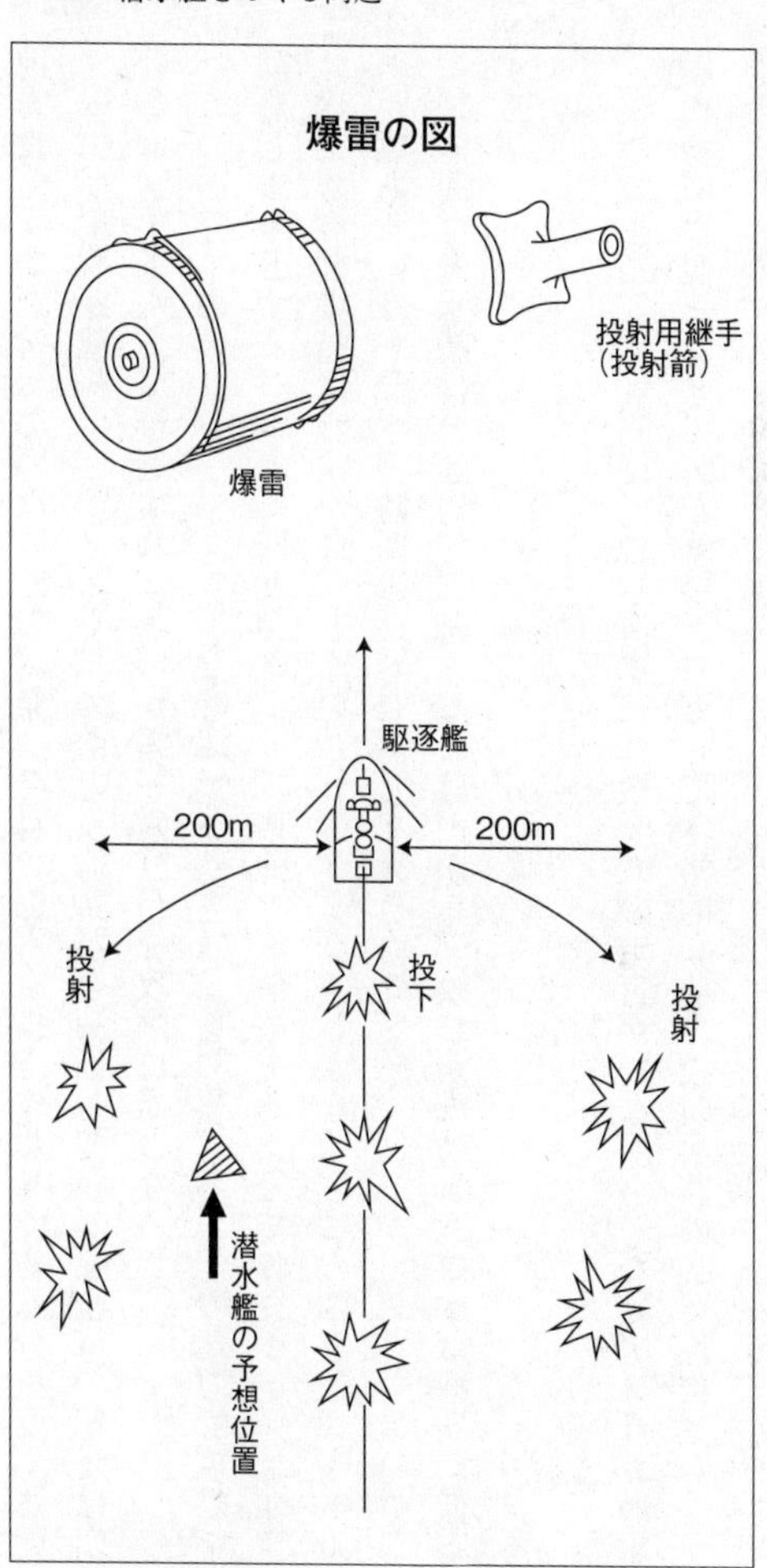

前方投射兵器を持っていないから、第一発目の爆雷を投下するまで約八分を要する。

一方、射程距離一〇〇〇メートルの前方投射兵器を装備している連合軍の軍艦は四〇〇メートルまで接近すればよいから、六分半で攻撃可能となる。

この一分半の差は、一〇ノット（時速一八五キロ、秒速五メートル）の速力で攻撃を回避しようとする潜水艦に四五〇メートル移動する余裕をあたえてしまう。

爆雷の有効半径はわずかに一五ないし三〇メートルしかなく、この四五〇メートルの距離あるいは一分半の時間はいちじるしく大きい。

この間、潜水艦は全速力で回避するわけだから、攻撃が成功する確率は極端に低下する。


ここで生まれる疑問は、日本海軍には数千人の士官がいながら、なぜアメリカ潜水艦の脅威が高まるまで、だれひとりとして本格的な前方投射兵器の必要性に気がつかなかったのか、ということである。

戦争勃発の前に、何度となく対潜水艦攻撃の訓練を積み重ねていたはずである。

そして、駆逐艦の五インチ（一二・七センチ）砲は射程は一五キロはある。とすれば数百、数千メートルの距離から、潜航したばかりの潜水艦を攻撃する兵器を考え出しても不思議ではないと思うのだが。

もっとも、日本海軍だけを責めるのは酷でもある。

第一次大戦時ドイツのUボートに散々に苦しめられた英海軍でさえ、一九三九年の終わりまで前方投射兵器の開発には取り組まなかった。

そのため戦争がはじまると、対潜戦闘に従事する兵員のフラストレーションは、一挙に高まったのであった。

この点については、アメリカ海軍も似たり寄ったりと言えた。

第二次大戦勃発の頃、世界の主要な海軍を合わせれば一〇〇〇隻以上の駆逐艦を中心とする対潜艦艇が存在したと思われる。また、これを任務のひとつとする士官の数は一〇万人を越していた。

それにもかかわらず、前述の前方投射兵器を搭載する軍艦は皆無に近く、またその必要性に気づいた士官もいなかった。

このひとことを見ても、いわゆる軍人/専門家と称する人種がいかに不勉強であるか、わかるというものであった。

この点からは日夜いくつもの競争にさらされている企業従業員の方が数段、自分の仕事に熱心であり、また研究心も旺盛といえよう。

ただし問題点が把握できると、米、英海軍の士官、技術陣は迅速に新兵器を開発し、一年以内に実用化する。

他方、日本海軍の対潜艦艇は結局のところ昭和一九年の中頃まで、自艦の前方にいる的（潜水艦）を攻撃するための兵器を持たずに終わってしまった。

この点に関してアメリカ、イギリス海軍はどのような方策をとったのであろうか。

開戦直後からドイツ海軍Uボートに苦しめられた両海軍は、艦艇の乗組員からその実情を聞きとり、すぐに新兵器の開発に乗り出す。

その結果が、それぞれの前方投射兵器、
アメリカ海軍　ヘッジホッグ
イギリス海軍　K砲、リンボー
である。

いずれも、軽量の爆雷を五〇〇ないし一〇〇〇メートルまで連続的に投射するものであった。

方向は取り付け位置によって前後左右に可能となった。とくにヘッジホッグは、二四発の小さな爆雷がカウボーイの使う投げ縄の輪のようになって潜水艦の周囲に落下するという、きわめて効果的な兵器であった。

そのうちの一発でも命中すれば、その攻撃で残りの二三発も爆発し、一挙に敵の潜水艦を撃沈する。

また、一発も命中しなければ、そのまま静かに沈んでいき、水中聴音器、ソナー（音波探深機）の機能を阻害しないように考えられていた。

普通の爆雷は一定の深度まで沈下すれば、近くに敵潜がいようといまいと爆発し、猛烈な雑音を水中にまき散らすのである。

このため水上艦が潜水艦の正確な位置を突きとめることが、ある程度の時間できなくなってしまう。

これに対してヘッジホッグは、この空白の時間をなくした素晴らしい前方投射可能な対潜兵器であった。これによって沈められたUボート、日本潜水艦は軽く一〇〇隻を越えているはずである。

この種の兵器の開発と実用化は、アメリカがもっとも得意とするところであった。

昭和一九年の秋から、あまりの被害の大きさに衝撃を受けた日本海軍も、ようやくにして動き出す。

そしてほとんど唯一の前方投射兵器として、陸軍の迫撃砲（射撃角度が四五度以上

爆雷では不可能な前方の敵潜水艦を掃討する前方投射器。いわゆるヘッジホッグだが、小型の爆雷を一斉に発射するもの

の簡易火砲）を改造した対潜迫撃砲が登場した。

口径は八〇ミリおよび一五〇ミリ程度で、砲弾を数百メートルの距離まで射ち出すことができる。それでもヘッジホッグ、K砲などと比較すると、その威力は小さなものであった。

これが一五センチ噴進爆雷砲で、早くから採用されていれば効果は間違いなく大きかった。

そのうえ日本海軍の駆逐艦は、この対潜迫撃砲を装備しなかった。

これを搭載したのは小型の対潜艦である海防艦、また護衛される側の貨物船で、この点からも日本海軍が対潜水艦戦闘に熱心でなかった事実がわかるのである。

3

航空機と牛車

呆れ果てる非能率、日本人の限界？

太平洋戦争の勝敗を決した最大の鍵は航空機であった。

それは海上戦闘の行方に大きな影響を及ぼし、その後、日本の国土を灰に変えるほどの力を発揮した。

また、ヨーロッパにおけるドイツの敗北も、連合軍の爆撃によるところが大である。

大戦中に主要交戦国は航空機を、

アメリカ　二二・五万機
イギリス　一四・五万機（カナダ、オーストラリアなどの連邦の分を含む）
ソ連　一〇万機
ドイツ　一三・五万機

イタリア　一・五万機
日本　　三・三万機
を製造している。
そして、この数の差は、燃料生産量の差とともに最終的な勝敗として表われた。
しかし日本の場合、航空機の生産数に技術、資材の量とはまったく別な障害が存在し、この結果、前線に送られる数、時間的遅れがマイナスとなった。
その実態はまったく驚くべきものであり、この事実の前には日本の航空技術がもっていたわずかな優越性など吹き飛んでしまうのである。
国内の大規模航空機製造工場は、
三菱航空機名古屋製作所（愛知県）
中島飛行機太田製作所（群馬県）
愛知航空機名古屋製作所（愛知県）
川西航空機姫路製作所（兵庫県）
が主力であった。
これ以外に九州（九州飛行機）から満州（満州航空機　中国東北部）まで、一八ヵ所の航空機組立工場が存在したが、規模としては前記四ヵ所には及ばない。

ところで大戦勃発時、名古屋、太田、姫路の各工場は、なんと隣接する飛行場を持っていなかったのである。

この事実こそ、日本軍の最大の弱点であった。

航空機工場に飛行場がないということは、内陸部に大型船の造船所を建設するのとまったく同様である。

完成した航空機は、試験飛行さえできないのである。

それではどうするかというと、いったん分解し、あるいはバラバラの状態で遠く離れた飛行場まで陸路を運ばれる。

そこで再組立のうえ、ようやく進空（初フライト）に挑むのであった。

戦争がはじまってからも、この行程はなんら変わらず、

名古屋――→各務原（岐阜県）約四〇キロ

太田――→熊谷（埼玉県）約三〇キロ

姫路――→相生（兵庫県）約三五キロ

を、数時間あるいは十数時間をかけて運んだのである。

そして、またまた衝撃的な事実として、その運搬手段の中心となったものは〝牛車〟であった。牛車とは、本当に牛が曳く車のことである。

生まれたばかりの、技術の粋を集めた航空機が、分解されて牛車に載せられる。牛に引かれた荷車が、時速二、三キロでノロノロと数十キロの道のりを飛行場へ向かうのである。その道も晴天ならほこりが舞い上がり、雨なら泥に変わる非舗装路であった。

これが日本陸海軍の航空部隊を支える裏方の姿であることを、国民はまったく知らなかった。

トラックや馬車を使わなかった理由は、牛が大人しい動物であり、歩む速度が遅いため機体に振動をあたえないという理由による。

たしかに舗装されていない道路でトラックを使えば、繊細な工作物である積荷の航空機が壊れる恐れがあった。だから牛車を使うという発想は、あまりに日本人的で悲しい気持にさせられる。

だったら道路を整備すればよい、いやそれより早急に工場の隣接地に滑走路を建設すればよい、という意見はまったく出なかったのであろうか。

与えられた状況の中で、黙々と任務、仕事を遂行することが美徳と考えられた時世であっても、これは異常以外のなにものでもない。

この製作所から飛行場への輸送の苦労は、それだけで一冊の分厚い本になるほどであった。

また従事する人々は、寝食を忘れてその作業に没頭した。その努力を認めないわけではないが、反面あまりの馬鹿馬鹿しさに情けなくなるほどである。

とくに人口密集地の名古屋工場で大型機が完成したときには、悲喜劇が生まれる。胴体、主翼は別々に牛車に積み込まれるが、かなり多くの部分に分解しても、町の狭い通りを抜けられないのである。

そのため町角の電柱を移し、看板を取りはずしてもらい、ようやく這うような速度で運び出すのである。

前方から荷車や自動車がやってきたら、すれ違えないので立ち往生する。軍需物資を積んでいるから、と先方に頼み込んでいったん下がってもらい、ようやく通過するのであった。

また、一機の航空機の運搬には、零戦のような単発戦闘機なら三台、中攻（中型攻撃機）のような双発の爆撃機なら一三台の牛車が必要であった。

運河を使った平底船による輸送も行なわれたが、いずれも単発機であろうと、いったん分解しなければ積み込めない。

中島太田、川西姫路製作所には、のちになって飛行場が設けられたが、最大の三菱、愛知名古屋は、最後まで牛車（のちに馬車も）による輸送に頼っていた。

零戦の再来と期待された三菱の新戦闘機〝烈風〟（一七試艦上戦闘機）が、たとえ量産にいたったところで、相変わらず工場と飛行場の間は、平安時代からまったく変わることのない牛車の世話になったに違いない。

そのうえ昭和一九年以降、飼料不足から全国的に牛の数が減少しはじめた。

このため輸送に支障がでて、三菱名古屋の担当者は大金を払って強引に牛の買い付けに乗り出した。

すると、これが物資統制令違反ということになり、三菱は地方裁判所に起訴される。牛が入手できなければ航空機は前線に送り出せない。しかし強引に購入すれば、法律に触れる。

この矛盾は、正式に裁判で争われることになり、八ヵ月もつづいた。これが激しい戦争のまっ只中の出来事なのである。

この裁判の結果については、読者の判断におまかせしたい。

国家への協力を優先すべきか、それとも法律を順守すべきか、〝平時〟の知的遊戯としては興味を引く話題かも知れないが、現実には日本の命運がかかっているのである。

なんとも不可解なのは、昭和のはじめに航空機製造工場を建設するとき、誰ひとり隣りに飛行場が必要なことに気づかなかったのか、という点である。

製造会社の社長、重役、技術者、軍の関係者は、小学生でも簡単に思いつくはずの事実に、まったく目を向けようとしなかった。

それとも気づいてはいたが、なんの手も打たなかったのか。当然、提案すべきことを、口に出すのを躊躇したのか。

現在出版されている日本の航空史、それも学会（日本航空宇宙学会）が出版した大冊さえも、この経過に関しては何も語っていない。

4

戦病死と破傷風のワクチン接種

戦場に動員された兵員の損害についてもっともよく研究されているのは、日露戦争、日中戦争でもなく、近代日本が初めて経験した日清戦争であった。

弱体化した清国と、明治維新を終えたばかりの新生日本は、一八九四年七月二五日から、翌年の三月三〇日まで闘った。この間、

兵員のみの動員数　二四万〇六〇〇名

海外に送った兵員数　一七万四〇〇〇名

を記録したが、この中から一万三四八八名の死亡者を出している。驚くべきものはこの内訳で、

戦死者	一一三二名	八・四パーセント
負傷後の死亡者	二八五名	三・一パーセント
病死	一万一八九四名	八八パーセント
変死（自殺、死刑など）	一七七名	一・三パーセント

となっている。

戦傷を受けたあと死亡した者の割合が少なすぎたりする疑問も残るが、それにしても戦死者と病死者の数が一対一〇などあまりにも悲惨ではあるまいか。

また、戦争の期間中、入院加療を受けた兵士の総数はのべ一七万名に達している。このうち重症と診断されて、後送された者の数は六万七六〇〇名に達した。

加えてこの内訳を見ていくと、戦闘による負傷入院は四五一九名（六・七パーセン

ト）に過ぎず、ほかは赤痢、破傷風、コレラ、肺炎、そしてビタミン不足による脚気である。

日清戦争の場合、戦闘自体は楽勝つづきではあったが、それにもかかわらず兵員の損失は少なくなかった。

そしてその原因は、日本の軍隊――とくに陸軍――に兵士の人命を尊重しようという意識が低かったことにあったと考えられる。

勝ち戦さの日清戦争でさえこの有り様であるから、決着のつかない死闘が長くつづいた日中戦争の戦病死者の数は、より多かったに違いない。

日本の軍部はもちろん、国民の生命を預かっている政府は、この兵士たちの死亡の原因をはっきりと把握し、その対策を立てておくべきであった。

戦場、戦地への給水体制を確立するだけでも、感染症の防止に役立つはずである。また、兵員に対する軍医、看護兵の必要数も研究しておけば、のちの戦争のさいの犠牲者を減らすことにもなる。死傷者だけではなく、病人を減らせれば、それだけ戦力の維持が可能であって、士気も高まろう。

しかし、軍も政府も、このような日清戦争の貴重な教訓を生かそうとしなかった。将校のなかには、この問題を取り上げること自体に、軟弱との罵声（ばせい）を浴びせる者さえ存在したのである。

この正反対の軍隊がアメリカ軍である。

第二次世界大戦において、アメリカ軍は総計一六一一万名を動員した。

その人的損害は約一〇八万名であり、内訳としては、

戦死者　二九万一六〇〇名
事故死者　一一万三八〇〇名
重傷者　六七万八〇〇名

となっている。またこの中から、とくに泥にまみれて闘うだけにもっとも病人が出やすい陸軍を見ていくと、

動員数　一一二六万名
損害　八八万名
戦死者　二三万四九〇〇名
事故死者　八万三四〇〇名
重傷者　五六万五九〇〇名

となる。

アメリカの統計資料によると、戦傷死は戦死者に、戦病死は事故死者に含むようで

あるそうであるとすれば、事故死者の内訳は概数として、

航空事故、爆発事故による死者

病気による死者

が半分ずつと考えられる。すると、戦病死者は一一二六万名のうちの四万人（〇・三六パーセント）ときわめて少ない数字となる。

また、アメリカ軍は陸軍の兵士全員に、破傷風の予防接種を実施した。

破傷風とは土や泥濘の中の嫌気性菌から感染する病気で、世界中に分布し、いったん発病すれば現在でもきわめて高い死亡率を示す。

これは前線の塹壕の中で、不衛生な生活を強いられる歩兵が非常にかかりやすい病気である。反面、血清を予防的に使用すれば、ほぼ一〇〇パーセント防ぐことができる。

この病気の恐怖は、我が国の映画（震える舌）、小説（川のある下町の話）にも取り上げられている。

一九四〇年から米陸軍は、積極的に予防接種を実施した結果、戦場においてこの感染症で死亡した者の数をわずか一三名だけにとどめることに成功した。

それも、この一三名のうちの八名は複数回必要な接種を嫌がり、一度しか受けていなかった。また別の三名は書類を受けたようにごまかして、まったく受けていなかっ

たのである。

○日本軍については昭和に入ってからも、
○日中戦争の昭和一二年から一六年末までの間は、毎年一〇〇〇名前後
○太平洋戦争中については毎年数千名

が、これにより死亡していたと推測される。

充分な食事もできず、体力も消耗し、衛生状態の悪い戦場で、いったん破傷風に感染すれば、それはかならず死に直結したであろう。

貧しさゆえに、日本には破傷風用血清が不足していたのかも知れないが、このようなところからも日米の戦力の差が表われたのである。

5

機械力と土木工事部隊

太平洋戦争の勝敗が、飛行機によって決したことは論を待たない。優秀な航空機と

パイロットを多数揃えた方が、最終的な勝利を握るのはしごく当然であった。

しかし、実際にはそれを支える裏方の存在がなければ、航空部隊は活躍できない。

航空機の整備、飛行場の建設は、その二大柱と言うことができる。

ここでは戦史の中ではあまり取り上げられる機会のない裏方に眼を向けて、日本軍の失敗を見ていこう。

大戦中の航空機が発着するのに必要な滑走路の長さは、戦闘機なら八〇〇メートル、爆撃機なら一二〇〇メートル程度が標準であった。

かならずしも舗装されている必要はないが、よく整備された滑走路は操縦士の負担を軽くするだけではなく、機材の破損を防ぐことにもなる。

ガダルカナル島を中心とするソロモン、アッツ、キスカ島を中心とするアリューシャン諸島の戦闘については、飛行場の建設のスピードとその維持能力が、戦況に大きく影響した。

これらの陸上航空基地は、航空母艦と異なり機動性はないものの、敵の攻撃に対しての抗たん能力は大である。また、スペース的にも余裕があって大兵力の展開が可能となる。

ソロモン、アリューシャン、そして多くの島々の争奪戦において、飛行場の有無が勝敗を決した例は少なくない。

この点に関して日本軍は、二つの面から敗れ去ったのである。

一、いわゆる機械力の有無

アメリカの飛行場建設、維持部隊は、今日では我々の周囲でごく普通に見られる多くの土木機械を持っていた。これはブルドーザーをはじめとして地面を削るスクレーパー、土を運ぶパワーシャベルなど数十種類におよぶ。

これに対して日本軍は、人力によるシャベル、ツルハシ、モッコに頼り、機械力としては小型のエンジンで動くローラーだけであった。

とある日本軍基地で、滑走路の整備のため連合軍捕虜三〇〇名に労役を命じた。命じた側は、三〇〇名の人員と一週間の期間を予定していたようだが、捕虜は飛行場の角に放置されていたアメリカ製のブルドーザーを修理し、三名が三日働いただけで作業を終えてしまった。

このエピソードから、慣れた運転者によって動くブルドーザー一台は、一〇〇〇名の労働者よりも役に立つと思われる。

このほかアメリカ軍は、陸軍も海軍も土木作業の重要性を充分に知っており、そのための準備を怠らなかったようである。

軍隊に土木機械を導入するといった考え方をはっきりと認識していたのは、アメリカ以外ではソビエト陸軍だけで、列強といわれたフランス、イギリス、イタリア、そしてドイツでも、この面では大きく遅れをとっていた。

たとえば戦車の前面に排土板（ドーザ）を取り付けて、ブルドーザーの代わりに使うことなど、アメリカ以外ではほとんど実用化されていない。これなど陣地の構築に、大変役に立ったはずである。

ソ連は別の意味から、この種の機械力を充実させていた。砲兵の大砲を重視したため、その牽引用として数万台のトラクターを生産したのである。

独ソ戦がはじまると、このトラクターの大群は、わずかな改造でブルドーザー、クレーン車へと変身した。そして、押し寄せるドイツ軍への抵抗陣地構築に大きな役割を果たしたのであった。

二、大組織の工兵部隊

どこの国の軍隊にとっても、工兵の存在は大きい。

戦争にあってはもちろん、平時であっても工兵ほど役に立つ兵科はないが、そのわ

クレーン車やブルドーザーなどの機械力をフルに使って、米軍は短時日のうちに飛行場を整備拡張し、戦力化していった

りには冷遇されていたし、現在でもその状況はあまり変わっていない。

しかし、例外は常にあって、それが、

アメリカ陸軍　工兵隊ＡＥＢ

アメリカ海軍　シービーズ

である。

まずアメリカ軍は、第一次世界大戦のヨーロッパ戦線に参加し、「戦争とはある意味で土木工事である」という教訓を学んだ。

そのため、歩兵、砲兵師団の中にある工兵大隊、あるいは工兵旅団などとは別に、まったく独立した工兵隊ＡＥＢ（直訳はアメリカ工兵大隊）を創設した。名前こそ大隊となってはいるが、この組織は現在の陸上自衛隊に匹敵する人員（一八万名）を持ち、ダム建設、運河建設まで独立してこなせるのである。

平時は連邦政府、州政府の要請で土木工事を請け負うが、いざ戦争となれば第一線に出動し陸軍を支援する。

　ＡＥＢがもっとも素晴らしい活躍を見せたのが、一九四四年六月のノルマンディー上陸作戦であった。まったく何もない砂浜に、わずか一週間で〝マルベリー〟と呼ばれる一大港湾を造り上げたのである。ケーソン（沈函）といわれる特殊なコンクリート製の巨大な箱を波打ち際に沈め、大型貨物船の着岸を可能にした。

　他の国の工兵隊では思いもつかない大事業を、ＡＥＢは軽々とこなして勝利に貢献した。

　ＡＥＢの規模はあまりに大きく、このような組織を日本軍が整えようとしたところで夢物語にすぎない。

　しかし、次に紹介するシービーズ（Seabees）、海軍建設部隊の存在は、日本軍の弱点を突いた結果となった。

　シービーズは、海軍と民間の建設会社が協力して一九四一年に創設された組織である。

　その名を〝海蜂〟と訳出している本も見られるが、この単語は昆虫を指すものではなく、海軍（義勇）建設部隊のみに使われる。

　シービーズも海軍の中で独立した部隊であり、それ自体が輸送能力を持っている。

米軍占領から半年後のガ島ヘンダーソン飛行場――組織化かつ機械化されたシービーズの手により一大要塞と化している

兵員は戦闘訓練を受けた土木作業員、あるいは土木作業に熟達した海兵隊員で、第一線での土木、建設作業に従事する。彼らは太平洋戦争の天王山ともなったガダルカナルの戦場で、目覚ましい働きぶりを見せた。

四〇〇〇名のシービーズは、二〇台以上の土木機械、六〇台のトラックを駆使して、ヘンダーソン飛行場の機能維持のため昼夜を問わず活躍する。

この飛行場は、日本人労働者、海軍の設営部隊一三〇〇名が、二ヵ月がかりで建設を進めていたものであった。

いったんガダルカナルの飛行場を手に入れると、アメリカ軍はすぐにシービーズを呼び寄せ、滑走路を延長し、鉄板を敷き、グラマンF4F戦闘機、ダグラスSBD急降下爆撃機を配備した。

日本軍の逆襲がはじまると、シービーズの隊員は銃を手に、海兵隊員と一緒に闘った。

戦闘訓練を積み、独自の補給手段を持っているシービーズは、この形の戦場ではきわめて有効である。

日本軍の場合、設営の主力の作業員はほとんどが民間からの出向（軍属）で、戦闘訓練を受けていなかった。

この差がガダルカナルをめぐる戦闘の初期に、かなり顕著な形であらわれたのである。

のちに展開される太平洋の島々をめぐる闘いにおいても、この〝戦闘建設部隊〟は持てる力を最大限に発揮し、アメリカ軍の勝利に大きく寄与するのであった。

日本軍が敗北を隠しつつガダルカナルを後にしたことがはっきりしたとき、同島の司令官であったバンデクリフト海兵隊少将は、

「ガダルカナルを維持することができたのは、シービーズによるところが大きい」

と公表する。

また大戦後、シービーズを称える映画「闘うシービーズ」が作られ、カリフォルニア州に同組織を顕彰する博物館が開設される。

ところで、このシービーズの創設は、海軍の一人の士官による提言からはじまった。

彼はそれぞれの部隊に分散して配属されている工兵隊とはまったく別の、

㈠、緊急の場合には銃を持って闘うことができ
㈡、独自の補給能力を持ち
㈢、大規模な工事を戦場で実施できる
という組織の必要性を説いてまわった。

大部分の高級士官が、

「海軍や海兵隊に建設、土木工事を行なう部隊など不要」

と反対したのは我々にもよくわかる。

しかし、彼は次のような論拠により将官を説得していく。それは、

「万一、対日戦争が勃発すれば、太平洋の島々の争奪戦になろう。それに勝つためには、海軍と海兵隊のために働く有能な建設部隊が必要である」

といったもので、開戦後一年足らずのうちに彼の予言は適中する。

そして一士官の大胆な提言を受け入れ、これまたすぐに創設に取りかかった提督、将軍も、先見の明があったと言わねばならない。

陸軍とちがって比較的自由にものが言えた日本海軍にあっても、これほどの速さで新しい組織が生まれた例はないようである。

6

拙速による戦闘機隊の悲劇

戦争は、時によっては時間との競争になる。

一刻も早く重要な拠点を奪取する、一分でも早く増援部隊を送る、といったことだけではなく、兵器の生産、兵員の訓練についてもまったく同じであろう。

アメリカでは大災害時の救助活動について、

「一分早ければ一人助かる」

というスローガンを掲げている。

戦時においては、

「一分早ければ敵を制する」

と言えるかも知れない。

しかし、それも場合によりけりで、焦る気持が——目的は正しいとしても——恐ろしい悲劇を生み、結果としては敵を利するだけといった状況に陥らせる。

ここではその典型的な例を掲げよう。

昭和一八年四月、明野（三重県）にいる陸軍の飛行第六八戦隊が南の戦場に向かうべく準備を進めていた。

この六八戦隊は、最新鋭の戦闘機〝飛燕〟（三式戦闘機、キ61）二七機よりなっていて、陸軍はこれに大きな期待を抱いている。

エンジンは日本の戦闘機には珍しく液体冷却（液冷）で、もし設計どおりの出力を発揮すれば、アメリカのすべての機種に対抗できるはずであった。

ドイツのダイムラー・ベンツＤＢ600系のエンジンを国産化しているのだが、その信頼性は高いとは言えなかった。

それにもかかわらず、ニューギニア・ソロモンの戦局が緊迫したので、陸軍上層部は六八戦隊の派遣を決定したのであった。

一月から部隊は飛燕を受けとり、慣熟飛行と整備に全力を挙げる。

まったく新しい軍用機が配備されても、その日から戦線に投入するわけにはいかない。パイロット、整備員がその軍用機の取り扱いに慣れ、それから少しずつ戦力化していく。

とくにエンジンについては、前述のごとく空気冷却（空冷）から液冷へと一八〇度かわったため、整備には多大の労力、技術を必要とした。

戦隊長は、飛燕が航空機としてまだ完成した状態ではない、と考えていたが、そのような思惑とは裏腹に出発の命令がやってきた。

ついに六八戦隊は戦場に向かい、まず船でトラック島へ運ばれた。

このあとできるかぎり整備を行ない、ニューブリテン島のラバウル基地まで洋上飛行を行なうことが決定される。

途中、いくつかの小島はあるものの、二つの基地の間には一四〇〇キロ近い大海原がひろがっており、単座の戦闘機、それも洋上飛行に慣れていない陸軍機にとってはかなり困難なフライトと推測された。

当時、日本陸軍の航空部隊の編成として、戦闘機の戦隊は、一二機からなる一コ中隊（ほかに中隊本部機一機、計一三機）三コからなっていた。これに本部中隊の四機が加わるから、一コ戦闘機戦隊は四三機程度となる。

しかし、戦時にあっては定数はそろわず、二七機を三つのグループに分けてラバウルに向かうことになった。

悲劇は、この中の第一グループに起こった。

この編成は、戦隊長が率いる一二機である。

四月二七日午前九時、飛燕は爆音も高らかにトラック島の春島を離陸したが、最初から不運がつきまとっていた。

誘導任務の一〇〇式司令部偵察機（長距離偵察機）のエンジン不調で出発が遅れ、戦闘機隊と会合できなかったのである。

戦隊長は燃料の消費を気づかったのか、偵察機を待たずに南を目指した。

間もなく一機がエンジン不調となり引き返しはじめ、この誘導のため他の一機が同行する。

しばらくすると、連続して二機に同じくエンジンの故障が発生し、海上に墜落してしまった。

残る八機はそのまま南下をつづけたが、戦隊長のコンパスの故障（あるいは航法のミス）により大きくコースからはずれていく。

このあと各機は、燃料不足からすぐに編隊を維持できなくなり、途中の海上、または小島の浜辺につぎつぎと不時着するほかなかった。

トラック島を飛び立った一二機のうち、なんとか、目的地のラバウルに到着したのは一機のみである。

わずかな慰めは、不時着した七機のパイロットが助かったことであろう。

機体については九機が全損となっている。

とくに悲惨だったのは、エンジン故障により死亡した二人のパイロットである。彼らはエンジン故障を知ったとき、たとえ海上に不時着したところで、救助される手段がないことを知り、自ら〝自爆〟していった。

このような言葉に言い尽くせない悲劇的な最後は、第一グループの二人のみではなく、四月二四日にも一機、また二七日の第二グループからも一機出ている。

合計二七機のフェリー飛行の途中で、エンジン故障から四機が墜落（四名死亡）という犠牲を出してしまったのであった。

全体としての事故率は、不時着機を含めればより高くなり、二七機中一三機が失われている。

三式戦「飛燕」――戦局悪化により前線進出を急がれた飛行68戦隊は、拙速の悲劇というべきか多大な犠牲を強いられた

戦場に到着する前に戦力の約半分が消滅してしまう結果となった。それも一度として敵の攻撃を受けることなく……。

この飛行六八戦隊の遭難は、いかに戦時下で起こった出来事とはいえ、拙速との非難をまぬかれることはできまい。

この場合、責任は誰がとるべきなのであろうか。

平和時なら徹底的な原因究明が行なわれるはずだが、当時にあってはなんの対策もとられず、すぐに忘れられたのであった。

日本の陸海軍航空部隊にあっては、どうも異機種部隊同士の連係がうまく働かなかった。この六八戦隊も、誘導任務の偵察機との会合に失敗している。

また、別稿の飛行第三戦隊のスキップ・ボミング攻撃のときも、護衛戦闘機隊（第一二飛行団）とのランデブーに失敗し、全滅に近い損害を出してしまった。

成功例も数多くあろうが、いずれのミスも——損失が大きいだけに——印象に残るのである。

さて、この陸軍の戦闘機部隊とまったく逆に、時間的には遅れたものの、周到な準備を行ない、完全に任務を遂行した例もある。

昭和一五年、太平洋戦争の兆しはまだはっきりせず、戦争はもっぱら中国大陸でつづいていた。

海軍の陸上攻撃機（陸攻、双発の爆撃機）は陸軍の作戦に協力し、中国の各都市、中国軍への爆撃に従事していた。

蔣介石率いる中国国民政府軍は、次第に奥地へと撤退していき、陸攻の進出距離も遠くなる。

したがって海軍の戦闘機（三菱九六式戦闘機）は、航続力の不足から爆撃隊のエスコートができなくなってしまっていた。

そこを突いてソ連製の戦闘機を多数そろえた中国空軍は、日本海軍陸攻部隊を痛撃する。

ときには九機からなる編隊が二十数機の中国戦闘機に攻撃され、三機が墜落、四機が損傷といった大損害を受けてしまった。

ここにいたって日本海軍は、同年七月制式化されたばかりの零式戦闘機を中国に送り込む。

のちに太平洋狭しと暴れまわり、アメリカ、イギリスの辞書に〝ＺＥＲＯ〟として載る戦闘機も、この時点では海のものとも山のものとも思えぬ状態であった。

ともかく、零戦の初飛行は四月一日であって、その後ようやく十数機が完成しているだけである。

しかし、陸攻部隊の損害を無視できず、六月に漢口基地に一五機が派遣された。

現地の司令官はすぐに実戦に投入せよと命じたが、戦闘機隊指揮官は、しばらく時間が欲しいと答え、それは了承された。

それから二ヵ月、空中戦、整備、取り扱いの訓練が徹底的に行なわれる。また敵戦闘機隊の行動について詳細な情報収集が行なわれた。

九月一三日、万全の準備を整えた零戦隊は、陸攻の編隊を掩護して敵地重慶に侵入する。

片道一〇〇〇キロ近い長距離飛行であったが、一三機すべてが余裕を持って目的地上空に到達した。

迎撃してきた中国戦闘機隊は倍以上の二七機である。

しかし三〇分後、激しい空中戦が終わったとき、重慶の上空には胴体、翼に日の丸のついた一三の機影が残っていた。

I15、I16といったソ連製戦闘機二七機は、すべて撃墜されるか被弾損傷による不時着を余儀なくされていた。

世界の空戦史に残る零戦隊の圧勝である。二倍の敵機と闘い、そのすべてを撃墜あるいは撃破し、自軍には一機の損害も出さなかった。このような例は、一九九一年の湾岸戦争の多国籍軍対イラク空軍の闘いまで記録されていない。

重慶上空の空中戦以後、中国空軍の活動は消極的になり、陸攻隊の損害は激減する。理解のある司令官、徹底的な準備を行なった指揮官の協力により、戦局は日本側に有利となったのである。

もし零戦隊の投入が準備不足のまま行なわれたら、これほどの成果は挙がらず、かえって士気の低下さえ招いたはずである。加えて日本海軍の新戦闘機の将来さえ、危ぶまれたかも知れない。

前述の六八戦隊の南方進出とは、まったく反対の好例といえよう。

厳密に言えば、この零戦隊の圧勝は、相手がそれほど強力とはいえない中国空軍であり、また戦局が日本の運命と直接係わっていない日中戦争の一局面であったから、昭和一八年の陸軍航空部隊と比較するのは正しくないかもしれない。

ときにはたとえ拙速と言われようとも、行動に移らなければならない場合も多々ある。それでもなお六八戦隊の遭難は、今後も忘れてはならないだろう。

7

「マニュアルと取り扱い説明書」

日本軍（とくに陸軍）の頑迷さと無能さをもっともよく示しているのが、複雑な機器を扱わなければならない初心者に対するアプローチの方法である。

昭和一〇年代、アメリカと日本の軍部は毎年十数万人の若者を入隊させ、一人前の兵士にするための教育を施さなければならなかった。この同じ命題に対して、両者がどう取り組んだのか、ここでは、

「マニュアル（取り扱い説明書）」

をひとつの媒体として見ていくことにしよう。

その前にはっきりさせておかねばならない点は、当時の日本の教育と生活水準である。

ほとんどの入隊者は文字を読むことはできたが、靴をはくのは軍隊に入ってはじめ

て、また入隊のため初めて自動車、バスに乗ったという者も珍しくない状態であった。

このような者たちに小銃の操作、分解、組み立て方法、あるいは自動車、戦車、航空機の操縦、整備を教えなければならないのである。

このすべてについて陸軍は、何を教育するにしろ長々と精神論からはじまる取り扱い説明書（略して取説）の丸暗記を新兵に強要した。

たとえば、貨物自動貨車（トラックのこと）に関する取説は、

「貨物自動貨車とはなにか」

という説明が四ページにわたって書かれている。自動車運転要員の兵隊はこれを一言一句暗記し、それを上級者の前で披露しなければならない。

うまくできればよいが、失敗すれば制裁が待っているのである。

そのうえ現在のように外来語を使うことは厳しく制限されていたから、読むにも書くにも難しい漢字を覚えなくてはならない。

漢字を練習し、暗記を繰り返さないと、トラックに触れることさえできないのである。

さて、このテストになんとか合格し、運転の練習を開始するようになっても、この試練はいっこうに終わらない。ハンドル・方向輪、チェンジレバー変速槓桿棒という文字を覚え、操作方法を暗記、それからようやく運転席に座るのであった。

このような教育のやり方では、新兵がなんとかトラックを運転できるようになるのは少なくとも三〜四ヵ月かかると思われる。

だからこそ日本の陸海軍において自動車の運転は特殊技能とみなされ、ごく一部の兵隊しかできなかった。

これほど無駄の多い訓練と時間を費やした結果、どれだけの兵士が自動車を運転できるようになったのであろうか。この種の統計は日本陸軍の場合、立派な軍事機密であったろうから、なんともはっきりしない。

もちろん一般の歩兵部隊と車両部隊では異なるであろうし、年度によっても違うとは思う。

しかし、日本陸海軍を平均すると、自動車を運転できる者の数は多く見積もっても士官、兵それぞれ二〇名に対して一名程度であったと推測できる。つまり約五パーセントでしかない。

一つの例として、次のような記録が残っている。

昭和二〇年のはじめ、米軍の上陸にともないフィリピンの首都マニラから日本陸軍のある部隊が山中に向かって移動しようとしていた。

このとき、運転兵の多くが先日来の空襲によって負傷していて、せっかく用意された十数台のトラックをみすみす使用できなかったのである。数名の士官を含めた百人ちかい兵士の中に、トラックを運転できる者が一人もいなかった。

これが日本陸軍の実態で、この軍隊においては自動車の運転は特殊技術であった。

さてアメリカ軍の状況を見ていくと、一九三九年の段階で入隊者の七二パーセントが運転免許を持っているか、あるいは免許は持っていないが運転はできた。（これは免許がなくても運転を許可している州があったため）

また、アメリカ陸軍は入隊した新兵に積極的に免許をとらせる方針を、一九三四年から実施してきていた。

そのため一七歳以上の兵士であれば、入隊後半年以内にほとんど全員が運転できるようになっていたのである。しかも練習に要した期間は、平均三週間となっている。

これは当時すでに全兵士の五パーセントを占めていた女性の軍属も含めた数字である。

すでにこの頃アメリカ、イギリス軍は戦地でないかぎり車の運転という業務を全面的に女性に任せつつあったのである。

アメリカ軍（陸・海軍、海兵隊、当時空軍はない）においては、将兵のほぼ全員が自動車の運転ができたわけだが、その理由のひとつが非常にうまく考えられたマニュアルの存在であった。

難しい文章で運転者の精神からとくとくと説明をはじめている日本軍の取説とまったく異なり、なんと漫画入りなのである。

教育係の鬼軍曹、そして正反対にやさしそうな女性教官が新兵に判り易く運転を教えていく。読んでいてじつに楽しく、やる気にさせるのである。

そのうえ、いばっているくせにいつも失敗ばかりしている上等兵が登場し、やってはいけない危険な行為を逆説的に説明する。

この過程が丁寧に描かれた漫画で示されているので、理解が早いのであった。

戦車、航空機の操縦に関しても、教育方法はまったく同様で、いかに分かりやすく、かつ確実に必要な操作を教えるかということに重点がおかれている。

また平面図、側面図ばかり使っている日本側と異なり、立体的な図を多用しているのも特徴である。

すでにおわかりのように、この「マニュアルと取り扱い説明書」の効果の差は、国力とはなんの関係もない。言ってみれば、思考の柔軟性の差にすぎないのである。

こんなところにも日本軍の硬直性、言いかえれば軍事的な弱さが表われているのである。

8

重砲の悲哀

日本陸軍の重兵器とも言うべき、
戦闘用航空機（主として爆撃機）
戦闘車両（主として戦車）
が、列強陸軍のそれと比較してきわめて弱体であった事実はよく知られている。また
これに関しては、別項を設け詳述する。
それでは、次にもうひとつの重兵器たる大口径の火砲（重砲）について、見ていく
ことにしよう。
日本陸軍の火砲は、
口径三七、四七ミリ　対戦車砲
口径七〇、七五ミリ　大隊砲、連隊砲、歩兵砲、山砲（一部に一〇五ミリ）

口径七五ミリ　高射砲
口径一二〇、一五〇、二四〇ミリ　野戦砲
となっていた。
一般的には、この一二〇ミリ口径を越す大きな火砲が重砲である。
この重砲は野戦で使うことから野戦砲（正確には野戦重砲）とも呼ばれるが、
○重い砲弾を中距離に投射する榴弾砲
○中程度の砲弾を長距離に投射する加農砲
に分かれる。

榴弾砲はともかく〝加農砲〟とはなんともわかりづらい名だが、これは英語のCannonの発音を当てているのである。

日露戦争（一九〇四〜五年）以後、第二次大戦まで日本の陸軍が大規模な砲撃戦を行なったのはただ一回、昭和一四年夏の第二次ノモンハン事変のときだけである。

ソ連・モンゴル連合軍との国境紛争は、互いに敵味方が数百機の航空機、数百台の戦車を投入する大戦闘となった。

日本軍は精鋭の三コ歩兵師団、多数の重砲を送り込み必勝を期すが、強大なソ連軍の反撃により大損害を被ったのである。

その原因となったのが、重砲の性能と数の差であった。

日本陸軍は当時、中国大陸にあったほとんどすべての重砲をノモンハンに集中させた。

砲兵四コ連隊、一コ旅団で総計八二門の重砲を持っていたが、陸軍首脳はこれらを圧倒的な火力と信じ切っており、七月二三日早朝から猛烈な砲撃を開始する。

この砲撃は敵の砲兵陣地を目標として三時間近くもつづけられ、太平洋戦争中のコレヒドール要塞攻略戦（昭和一七年）、沖縄における反撃（同二〇年）につぐ大きなスケールである。

これによってソ連軍砲兵は一挙に壊滅されたかに見えたが、実状はまったく反対であった。

まもなくより熾烈な反撃が開始され、逆に日本側の砲兵部隊に損害が出はじめた。

この理由のひとつは、野戦用の重砲の性能、とくに射程にあった。

この闘いの両軍の重砲を見ていくと、

○日本軍

三八式一二センチ榴弾砲　六キロ

九六式一五センチ榴弾砲　一二キロ

九二式一〇センチ加農砲　一八キロ
八九式一五センチ加農砲　一八キロ
○ソビエト軍
M1938一二・二センチ榴弾砲　一二キロ
M1937一五・二センチ榴弾砲　一七キロ
M1931二〇・三センチ榴弾砲　一八キロ
M1931一二・二センチ加農砲　二一キロ
M1940一五センチ加農砲　三〇キロ
となる。
日本軍の重砲の最大口径は一五センチ、射程は一八キロメートルであるのに対し、ソ連軍のM1931は二〇・三センチ、またM1940は射程三〇キロであった。砲弾の威力は口径の三乗に比例すると考えられるから、一五センチと二〇・三センチの差は大きい。
ソ連軍の重砲はあらゆる面で、日本軍を圧倒したのである。
また、日本軍は八二門という空前の数を集中し、これで充分に敵を圧倒できると考えていたが、ソ連軍は三三〇門を揃えていた。

これでは勝敗は戦う前から明らかであった。

このようなところでも日本陸軍の指導者たちの勉強、研究不足、そして情報の軽視は、すぐに戦場における敗北となって表われた。

次に日本陸軍の最新式の重砲を取り上げ、まったく同じ時期に出現したアメリカの同じ口径の砲と比較してみたい。ともに昭和一一年（一九三六年）に制式化された口径一五センチクラスの加農砲である。

九六式15センチ加農砲。木製車輪、移動の際の分解組立など最新型とはいえ、情けなくなるほど前近代的なものであった

○日本陸軍の重砲

九六式一五センチ加農砲（九六式一五加）

○アメリカ陸軍の重砲

M2一五五ミリ　フィールドガン、キャノン

M2はロング・トムの愛称で現在でも使われている標準的な大砲である。

要目のみを比較すると、

	九六式十五加	M2一五五ミリ
開発年度	一九三六年	一九三六年
口径	一五センチ	一五・五センチ（一五五ミリ）
砲身長比	五三	四五
重量	二五トン	一二トン
砲弾重量	五〇キロ	四三キロ
初速度	八六〇m／秒	八三五m／秒
最大射程	二六キロ	二四キロ
発射速度	三分に一発	一分に一発

となる。

射程、砲弾重量などは九六式が多少勝っているが、実戦に投入するとなると、M2はそのための工夫に大変優れている事実が追々、明らかになる。

M2の重量は九六式の約半分

発射速度が九六式の三倍

である以外に、次の諸点について大差があった。

M2はゴムのタイヤであるのに対し、九六式はこの時代になっても鉄の輪をはめた木製の車輪を使っている。したがって牽引する場合、許されている最大速度は、M2は六〇キロ／時、九六式はわずか一二キロ／時となる。

また運搬時、M2は簡単な台車を砲架に取りつけるだけで、そのままトラクターで動かせる。これに対して九六式は三つに分解し、それぞれ砲身車、砲架車、砲床車に積み込まねばならない。なお、砲床とは重砲の土台のことである。

つまり、一五センチ砲の移動には三台の専用トレーラー、加えて三台のトラクターが必要なのであった。

米陸軍M2ロング・トム。九六式15加に比べ実戦機能において大変すぐれている

このうちの一台でも故障すれば九六式は運搬不可能となる。

いったん戦場に到着してからがまた大仕事で、第一弾を発砲するまで五時間を要する。これに対しM2の場合は、二時間あれば準備は終わる。

ともかく最新型の九六式一五加であっても前近代的なのである。

タイヤ、車輪ひとつをとっても、空気の入ったゴムタイヤと、二〇〇年近く前と同じ木製車輪では運搬の容易さ、速度がまったく異なる。

それだけではなく、砲の発射位置を二、三〇〇メートル移動させようとしたとき、九六式ではふたたび分解、組立、据付けの作業が必要となってしまう。

日本の用兵者、技術者たちは、このような点についてまったく配慮しなかった。

もっとも日本陸軍の火砲は、先に掲げたほとんどすべての口径のものについてゴムタイヤを使っていない。いずれも木製の車輪付きで相変わらずガラガラ、ゴトゴトと音を立てる西南戦争、日露戦争時の大砲からまったく進歩していないのであった。

唯一の空気入りゴムタイヤ付き火砲は、一式（昭和一六年制式化）四七ミリ機動野砲（対戦車砲）である。〝機動〟とは軽量、ゴムのタイヤ付きのもので、トラックなどで牽引可能という意味である。

他国の陸軍では当たり前のことを、わざわざ〝機動〟と名づけた実態を知るとき、〝無敵陸軍〟という言葉が空しく響くのである。

火砲にゴムのタイヤさえ装着できぬ軍隊。普通の車両で牽引できる火砲をようやくにして手に入れたことを誇らしく感じている軍隊。

これらは決して国の貧しさとは無関係と思われるのだが……。

9

航空用エンジンをめぐる無駄使い

一九三九年九月一日、ナチス・ドイツ軍は大挙してポーランドに侵攻、ここに第二次大戦がはじまった。

このさいのドイツ空軍（ルフトバッフェ）の主力戦闘機はメッサーシュミットＢｆ109であり、本機は戦争の全期間を通じて使われることになる。

Ｂｆ109は大戦中の傑作戦闘機のひとつに数えられるが、その性能の根元となったのはダイムラー・ベンツ社製のＤＢ600型系エンジンである。

液冷Ｖ型（最大一四気筒）のこのエンジンは、Ｂｆ109ばかりではなく爆撃機にも使われ、その名を世界に轟かせた。

このエンジンを装備した機種は一〇種にも及び、ルフトバッフェはこれなしには存在しえないほどである。

Ｂｆ109の活躍を知り、日本の軍部はベンツ社製のＤＢ601のライセンス生産を考えた。我が国の航空用エンジンの大部分は空冷星型（ラジアルとも呼ばれる）であって、大出力の液冷エンジンを持っていなかった。エンジンに限らず、新技術の移転やライセンス生産はどこの国でも珍しくなく、日本のこの考え方に問題となるところはない。しかし、ライセンスの購入に当たって、当時の陸海軍首脳は呆れるほど国費の無駄使いをしている。

ドイツは友邦日本に対し、ライセンスを譲り渡すことに同意した。その金額は五〇万円という大金であり、現在の貨幣価値でいえば十数億円であろうか。ところが、日本の陸海軍は、互いにまったく連絡をとり合おうとしないまま、別々に同じ金額のライセンス料を支払ったのである。

海軍は昭和一三年一一月、陸軍は同一四年一月のことであった。陸海軍がひと言相談すれば、支払う金額は半分ですんだのである。この事実を知ったドイツ政府とダイムラー・ベンツ社は、日本の陸海軍の連携のまずさに呆れるばかりであった。

不景気で歳入が激減していた昭和一三、四年においても、軍人はなにひとつそれを考慮しようとはしなかったようである。

そのうえ日本においてＤＢ601エンジンの生産が開始されるとき、ふたたび呆然とする事態が起こった。

陸海軍は同じエンジンを別々の会社、

陸軍　川崎航空機

海軍　愛知航空機

に製造することを命じたのである。ふたつのメーカーは図面の点検、取り扱い説明書の翻訳、ラインの設置などまったく同じ作業を手間ヒマかけて独自に行なわなくてはならなかった。

これは単に製造だけではなく、その後のエンジンの改良、パワーアップのための開発についても同様であった。

のちにダイムラー・ベンツＤＢ601は、

●海軍では「アッタ21、62型」として艦上偵察／爆撃機Ｄ４Ｙ彗星（すいせい）に

●陸軍では「ハ－40」として三式戦闘機キ61飛燕に

搭載された。

しかし、クランクシャフトの鍛造（たんぞう）技術、燃料噴射装置の製造数が追従できず、本来の性能を発揮できないままに終わる。

前述の三式戦彗星についてはエンジンの生産が遅れに遅れ、結局、空冷星型エンジ

ン付きの五式戦・彗星三三型に移行しなくてはならなくなってしまった。

この我が国におけるDBエンジン狂奏曲ほど惨めな事柄は、他に見当たらないようである。

当時の軍人が、国民の納めた税金を道端で拾った金のように費やしていたのをここに見ることができる。

さて、日本の陸海軍の馬鹿馬鹿しいほどの対抗意識をもう少し探ってみよう。

陸軍士官、海軍士官を養成するための学校の呼び名は、ともに〝士官学校〟でよいはずなのだが、ここでも対立は明らかであった。

●陸軍の士官学校＝陸軍士官学校
●海軍の士官学校＝海軍兵学校

である。

著者はながいこと海軍兵学校とは「海軍の兵隊さんを養成する学校」だと思い込んでいた。兵学校が士官学校と知ったのは、ずっと後になってからである。

世界の軍隊を見渡しても、このような例はあまり見当たらない。

しかし、日本で同じものを陸海軍が別々に呼ぶことには、無数といってよいほど多くの例がある。

陸上、艦船上に配備して飛行機を射ち落とす目的の中口径の火砲を〝高射砲〟と呼ぶ。

日本の場合、陸海軍ともその大部分が七五ミリの口径で、性能も機能もほとんど同一であった。

これを陸軍では高射砲、海軍では〝高角砲（こうかくほう）〟と呼んだ。

海軍が高角砲と呼んだ理由は、たんに「陸軍と同じ呼称は使いたくない」というだけのことである。

もっと呆れる事例は、長さの単位センチメートル〝センチ〟を、海軍が〝サンチ〟となんとも訳のわからぬ呼び方をしたことである。

センチの英語は〝Centi〟で、一〇〇分の一を表わし、発音記号は〔sénti〕。どう読んでもサンチとは読めない。（これのみフランス語読み？）

大砲の口径はインチとセンチ単位で呼ばれるから、

陸軍の　九五式野砲　口径七・五センチ

海軍の　三年式高角砲　口径七・五センチ

と同じ言い方をするのが、海軍上層部には我慢できなかったらしい。

海軍は陸軍と比較して種々の面で進歩的といわれ、たしかにそれを裏づける面もないわけではなかった。

しかし、対抗意識という点ではあまりに幼稚で、軍事を研究している者が恥ずかしくなるような言葉使いや単語もある。

どこの国においても各分野、兵科の対立は存在するが、日本軍の陸海軍ほどそれが激しい軍隊はなかった。

とくに「良識の海軍」といわれた旧海軍にあって、センチをサンチと呼び変えた事実を知るとき、二の句がつげなくなるのは著者だけではあるまい。

一部にセンチとは発音しにくい（？）ので海軍はフランス流にサンチと言い変えたとの説もあるが、本当のところは本書のとおりなのではあるまいか。

現在にいたっても出版される戦史関係の書籍の中に、この記述が見られる。

それらの執筆者としては、当時の言い方をそのまま使っている、あるいは当時の雰囲気を出したい、といった意図があると推測されるが、もうそろそろあまりに下らぬ〝独自の単位の呼び方〟などやめようではないか。

10

スキップ・ボミング　その1

スキップ爆撃の効果

地上の動かない目標と異なり、広い海面を自由に走りまわる軍艦、船舶に対する航空機からの攻撃は難しい。

現在ならいろいろな誘導方式で目標に向かって飛んでいくミサイルが存在するが、第二次大戦では、

㈠、水平爆撃
㈡、急降下爆撃
㈢、魚雷攻撃
㈣、ロケット弾攻撃、銃撃

といった方法がある。

それぞれ一長一短があって、なかなか思うように成果は挙がらなかった。

水平爆撃は三〇〇〇~六〇〇〇メートルから実施するが、当然命中率は低く、高速でかつ小型の駆逐艦などにとって脅威とはならない。

急降下爆撃は、専用の航空機（急降下爆撃機）を用いなければならず、操縦士は高い技術を要求される。

魚雷の重量は八〇〇ないし一〇〇〇キログラムもあるので、小型の空母艦載機では積むことができず、使用に制限が加えられる。

ロケット弾攻撃、銃撃については、戦闘機でも可能で命中率も高いが、どちらの弾頭の威力も少ないので、敵の艦艇を沈めるまでにはいたらない。あくまで軍艦に対しては対空砲火の威力削減、商船に対しては火災を発生させる程度といえよう。

これらの種々の困難を一挙に解決する攻撃方法として、イギリス、アメリカ軍はスキップ・ボミング（反跳あるいは反飛爆撃、または跳飛爆撃）が開発された。

これは一二五、二五〇キロの中型爆弾を目標とする艦艇、船舶の一五〇ないし三〇〇メートル手前に投下するものである。

航空機は投弾前の数キロメートルを水平直線飛行しなければならないが、この飛行技術は急降下爆撃と比較してかなり容易である。

急降下すると一般的に速度が上がり、それにともなって主翼に働いている揚力も増加する。それが原因で機体が斜め上方へ持ち上げられ、その修正が必要となる。一方、直線水平飛行は速度が変わらないかぎり、修正の必要はない。目標になる船を見つけたら、低空に舞い降り、一直線にそれに向かって突進すればよい。

数百メートル手前で投下された爆弾は、ちょうど水面と平行に投げられた小石が、ジャンプしながら進んでいくように敵艦に向かう。そして舷側、あるいは上部構造物に命中するのである。

イギリスは一九四一年夏から、アメリカ軍はその一年後からこの新しい爆撃方法を積極的に使いはじめた。

一九四三年（昭和一八年）三月二～四日、ビスマルク海の闘いで日本軍の輸送船団は、このスキップ攻撃により壊滅的な打撃を被るのである。

駆逐艦八隻に護られた高速貨物船八隻は、七〇〇〇名の陸軍兵士、多くの資材を積み、ニューギニアのラエ基地へ向かう途中、この攻撃にさらされた。

駆逐艦と上空の戦闘機の必死の働きにもかかわらず、貨物船は全部沈み、三五〇〇名を超す兵士が溺死する。それだけでなく駆逐艦も四隻が撃沈された。

このとき、アメリカ第五空軍の中型爆撃機はもっぱらスキップ攻撃を実施し、高い命中率を記録したのである。

ふたたびこの攻撃方法について述べるが、まず長所として、

○技術的に急降下爆撃より容易、命中率もまた同程度か、それ以上の場合もある

普通の爆弾が改造なしに使用できる。この攻撃に使う航空機に制限はなく、戦闘機でさえ簡単な改造で投入可能である

欠点としては、

○大型の爆弾（五〇〇キロ以上）を使おうとしたとき、航空機の運動が制限される

ということのみである。

ビスマルク海で攻撃された日本軍の船団及び護衛の駆逐艦、そして陸海軍の戦闘機部隊も、このスキップ・ボミングについての知識がまったくなかったので、小型の魚雷によるものと思い込んでいた。しかし、まもなくこの爆撃法を知り、前述のごとく〝反跳(はんちょう)〟という呼称をあたえるのである。

これまで述べたとおり、新しい爆撃法はきわめて容易であり、またかなり効果的であるのは明らかであった。

その証拠にミサイルが登場する以前の航空自衛隊機の対艦攻撃方法は〝スキップ〟

に限られていた。

あまり知られていないが、東西冷戦たけなわの頃、航空自衛隊唯一の戦闘機であったノースアメリカンF86セイバーさえも、二五〇キロ爆弾を搭載し、スキップの訓練を行なっていた。

来攻する敵艦を攻撃する唯一の手段が、このスキップ・ボミングであった。

話を太平洋戦争にもどそう。

アメリカ軍の新戦術を知り、日本軍もこの反跳爆撃を取り入れる。

これに対する研究がどの程度行なわれたのか、いまだ明らかにされていないが、実戦で使われた例は少なかった。

もっとも大規模な反跳爆撃行は、昭和一九年一〇月二四日に行なわれた。

陸軍飛行第三戦隊の二二機の九九式双発軽爆撃機が、二五〇キロ爆弾各一発を抱いてフィリピン・レイテ湾のアメリカ艦隊攻撃に向かったのである。

訓練も充分であり、大きな戦果が期待されたが、結果は惨めなものであった。

まず護衛任務の四式戦闘機疾風（はやて）二四機との会合に失敗、そのうえアメリカ戦闘機、対空砲火の果敢な反撃を受けてしまった。

九九双軽は、一機を除いて未帰還となり、明確な戦果は記録されていない。
この頃には、勝利の女神は完全に日本を見放していたようである。
日本陸軍航空部隊のスキップ・ボミングは結局、これ以降行なわれず、また海軍はこの戦術を採用しなかった。
㈠、水平爆撃より格段に命中率が高く、
㈡、急降下爆撃より技術的にはるかにやさしく、
㈢、白魚雷攻撃のように特殊な航空機を用いる必要がなく、
㈣、ロケット弾攻撃、銃撃よりも敵にあたえる被害は大きい。
すべての面で画期的な攻撃方法は、残念ながらあまり使われずに終わってしまったのであった。
この点からも、日本の軍人の研究心の不足を言い立てることができる。
さて、著者がこれまでスキップ・ボミングの効用を力説してきたのは、昭和一九年一〇月から実施された〝体当たり攻撃〟に結びつけたかったからである。

スキップ・ボミング　その2

特別攻撃とスキップ・ボミング

爆弾を搭載した航空機をもって、乗員もろとも敵の艦艇に体当たりするという、いわゆる〝特別攻撃／特攻〟は、昭和一九年一〇月のレイテ海戦のときから行なわれた。

これに参加する航空機搭乗員は、出撃前から一〇〇パーセントの死を覚悟しなければならなかった。

戦闘中に乗機が被弾して帰還が絶望的となったとき、敵機あるいは敵艦（この場合は日本側の）に体当たりした例はアメリカ側にもいくつか見られる。

しかし、はじめからかならず死ぬことになる攻撃を、組織的に実行したのは日本軍だけであった。

参加者については一応〝志願〟という形こそとってはいたが、〝精神的な強制、あるいはごく当たり前の命令〟が現実となっていた。

この意味から、まさに悲惨そのものといった状況が無数に存在したのである。

たしかに日本という国が滅亡するかしないかの瀬戸際ではあったが、それにしても特別攻撃を決定した軍の上級者には強い憤り(いきどお)を禁じ得ない。

同じ作戦行動であっても、

○危険率がきわめて高い攻撃

○死ぬことが確実な攻撃

の間には、無限の距離がある。たとえ二、三パーセントでも生還の確率があれば、搭乗員も——それが軍人というものの運命として——その出撃命令を受け入れられるはずである。

しかし、体当たり攻撃の場合、まず最初に〝死〟があり、次に戦果が求められたような気さえする。

飽食の、そして平和な時代に生きる者が、当時の緊迫した状況を本当に理解できるとは思えないが、死を前提とした攻撃を決定し、容認した上官たちを軽々しく許すことはできない。

そしてその反対に、悩み、生に執着しながらも、祖国に殉じた若い人たちの純粋な行為に胸が熱くなるのである。

さて、納得できない〝特別攻撃〟に疑問を抱きながら飛び立っていったパイロットの無念を晴らす意味からも、これまで取り上げられなかった視点から〝特攻〟を見直してみたい。

昭和一九年六月のマリアナ沖海戦において、日本海軍の空母部隊は実質的に壊滅した。

空母部隊（機動部隊）の持つ本来の戦力は完全に失われ、水上艦戦力の補助的な役割を演じるのが精一杯となってしまったのである。

陸軍航空部隊もまた消耗に耐え切れず、通常の攻撃力を失っていた。

当時陸海軍の航空部隊は、

航空機の数、パイロットの不足
航空機、パイットの質的低下
航空燃料の枯渇

に苦しんでいた。

これらによる攻撃力の低下が特攻へと結びついたのだが、それではその体当たり攻撃には通常の航空攻撃と比較して、どのようなプラスの面があったのだろうか。

まず最初に言えることとは、命中率の向上である。目標に激突する最後の瞬間まで、パイロットが航空機を操っているわけだから、普通の爆弾、魚雷より命中する率が高いのは当然である。

しかし、考えてみればメリットはそれだけで、他に強いて挙げれば帰還に要する燃料がいらなくなることぐらいか。

昭和一七年夏から一八年春のガダルカナルをめぐる消耗戦で、多くの熟練パイロットが戦死し、海軍航空部隊の戦力は激減した。

昭和一九年のマリアナ沖海戦では、空母航空部隊、基地航空部隊は一〇〇〇機以上の機数をそろえていながら、ほとんど戦果を挙げていなかった。

そこで、連合艦隊の上層部は、

「体当たり攻撃を行なえば、技術の低い搭乗員でも多くの戦果を得ることができる」

とのみ考えたのかも知れない。

たしかに通常攻撃より命中率は向上するであろう。しかし、その比率（の予測）について、現存の資料は何も語っていない。

次にマイナス面を考えてみよう。

先に述べた、特攻への参加を命じられた人々の精神的衝撃については触れずにおき、冷徹に物理的な見方を貫くことだけを考える。

まず、特攻攻撃を実施すればその航空機とパイロット、搭乗員はかならず失われる。

これは絶対的な損失であって、機体、パイロットとも不足しているとき、攻撃自体がはじめから完全な損失を認めていることになる。

逆に言えばアメリカ側としては、攻撃に参加した敵機のすべてを射ち落としたのと同じである。

このひとことをもってしても、特別攻撃の空しさがわかろう。

次に爆弾を抱いて敵の軍艦に体当たりした場合、どれだけの効果があったのだろうか。

○爆弾のみが命中したとき

○爆弾を搭載した航空機が命中したとき

の物理的な破壊力の差を知りたいのである。

航空機プラス爆弾が質量となるから、速度が等しければ、運動エネルギーの法則からいって後者の方が大きくなる。

しかし、結局のところ体当たり攻撃のさいの爆弾の速度は、航空機の速度を越すことはない。したがって、命中時の速度は時速にして四五〇キロから五五〇キロの間となる。

これに対して自由落下する爆弾の速度は、爆撃時の高度、爆撃の方法により大きく変わる。

たとえば高度八〇〇〇メートルから落下した通常の爆弾は、音速の九〇パーセントに達する。

爆弾の持つ運動エネルギーは、重量に速度の二乗をかけたものであるから、種類が徹甲弾（装甲を貫いてから爆発する型の爆弾）のときには効果は大きくなろう。

また飛行機ごと軍艦に衝突した場合、

○飛行機が破壊していく過程において、衝撃力が緩和され、爆弾のエネルギー効果が削減される可能性がある

○その逆の面として飛行機に残っていた燃料に引火し、焼夷弾的な効果が生まれ、敵にあたえる損害が大きくなる

といった二つの状況が生ずる。

このように見ていくと、体当たり攻撃でも爆弾だけでも、敵艦に与え得る損害に大差はないと考えられる。

念のため、航空自衛隊の火器（爆弾／ミサイルを含む）の専門家に質問したところ、

「きちんと分析したわけではないが、爆弾のみの命中の方が軍艦の被害は大きいのではないか」

との答えを得た。

ここまで突きつめて考えていくと、ひとつの明確な結論が生まれる。

そして、それはしごく当たり前の結果であり、

「特別攻撃（体当たり攻撃）は、心情的にではなく、純粋に戦術面から見ても実施すべきではなかった」

というものである。

怒濤のごとく押し寄せるアメリカの大機動部隊、大輸送船団に対する強襲的な攻撃をしなければならないのなら、その手段は〝スキップ・ボミング〟しかなかった。

この爆撃方法による命中率が体当たり攻撃による場合より多少低かったとしても、最終的に記録された戦果は、それを上まわったと思われる。

なぜなら爆撃が成功しても失敗しても、攻撃に参加したもののうち、何機かはかならず帰還でき、そしてそのパイロットも航空機も、ふたたび出撃が可能なのである。いうまでもなくこれに対して特攻の場合、パイロットを含めて、すべての航空機が全損となる。

もちろん前述のように攻撃に向かう乗員の心理的負担はスキップの方がずっと軽かったであろう。

いかに純真な若者たちであっても、体当たり攻撃の命令には疑問を感じざるを得な

かった。

この時代、死は常にすぐ隣りに存在してはいたけれども、それが少しでも意義あるものでありたい、と彼らは願ったに違いない。

戦局が絶望的な状態に陥りつつあったことは理解できるが、その対策としてすぐに〝体当たり攻撃〟を考え出し、それを命令した上層部は許しがたいと考えるのは著者だけであろうか。このようなときこそ、少しでも効果的な反撃方法を知恵を絞って生み出す努力をすべきであり、そしてそれには常に冷静な分析、徹底的な議論が必要だったのではあるまいか。

また日本の陸海軍が〝体当たり攻撃〟に固執したのは、二つの新しい戦術が、同じ戦場で、わずか一日の違いで実施され、戦果に大きな差が生じたことにもよる。

これにより、まず海軍航空部隊が特攻を全面的に採用し、陸軍がこれに追随したともいえる。

それがレイテ海戦の最中、昭和一九年一〇月二五日の第一次神風（しんぷう）特別攻撃隊の出撃であった。

史上最大の海戦の最終日、関行男大尉率いる五機の零戦〝敷島隊〟がフィリピンの基地から飛び立った。

それぞれの胴体の下には二五〇キロ爆弾が搭載され、これが命令によって実行された日本初の特攻となった。

敷島隊は四機の護衛戦闘機に守られながら、アメリカ海軍の小型航空母艦群への攻撃を行なう。このC・A・スプレーグ提督指揮下の空母群は、すでに日本の水上艦隊との戦闘で傷ついていた。

その疲れが日本軍に幸いし、五機の爆装零戦のうち四機までが体当たりに成功する。わずか五機の日本機が挙げた戦果は、空母一隻撃沈、三隻中破という驚異的なものであった。

ここで前日（十月二四日）に実施された陸軍飛行第三戦隊によるスキップ・ボミングを思い出していただきたい。

○スキップ・ボミング
陸軍の九九双軽二二機による。
二一機未帰還、一機不時着
戦果、撃沈　大型曳船〈ソノマ〉
　　　損傷　戦車揚陸艇LST552

損傷　ＬＳＴ695

（注）アメリカ海軍は、日本陸軍航空部隊が実施したスキップ・ボミングによる損害をなんらかの水中爆発によるものと断定した。

これは二隻のＬＳＴに適合する。

○体当たり攻撃（第一次神風隊の攻撃）

海軍の二五〇キロ爆弾搭載の零戦五機による。

全機未帰還

戦果　撃沈　護衛空母〈セントロー〉

損傷　護衛空母〈サンガモン〉

護衛空母〈スワニー〉

護衛空母〈ホワイトプレーンズ〉

昭和19年10月25日、比島マバラカット基地を出撃する神風特攻敷島隊の零戦。手前が関行男大尉機。松葉杖が山本栄司令

フィリピンの周辺にいた陸海軍の上層部が、この二種の攻撃の結果を知ったとしたら、すぐに体当たり攻撃の効果を重要視したに違いない。いや多分、この推測が当た

っているように思われる。

スキップ・ボミング　効果なし
体当たり攻撃　　　　戦果大

と判断し、それゆえに体当たり攻撃の全面的な採用となった可能性が大であった。

しかし、敷島隊の戦果は——まるで悪魔がこの瞬間だけ日本軍に微笑んだように

——大きなものではあったが、それはまさに例外中の例外といえた。

たった五機の零戦による攻撃が、空前の大戦果を記録したのである。これ以後、終戦まで、これだけの戦果を挙げた攻撃隊は存在しない。

このとき以来、日本陸海軍航空部隊の対艦船攻撃の戦術は、特攻が主体となる。

そして、若い搭乗員たちの悲壮な努力も、それほど大きな戦果とは結びつかずに終わってしまった。

最大の特攻作戦であった沖縄の場合を見ていくと、

二二〇〇機以上が体当たり攻撃に参加し、

それによるアメリカ海軍の損害は、

沈没二六隻、損傷一六四隻

であった。

命中率は、一隻の艦艇に複数の体当たり機が命中した場合もあるので、約六パーセントとなる。

なお、通常の攻撃機の出撃数は不明であるが、それによる損害は、

沈没二隻、損傷六一隻

となっている。

残念ながら、いずれの攻撃によっても沈没したのは駆逐艦クラスが中心で、空母、戦艦、巡洋艦以上の大型艦は一隻も沈んでいない。

このように考えれば考えるほど、高級指揮官は体当たり攻撃を命ずるべきではなかったとの思いにとらわれる。

そのかわり経験の少ないパイロットでも実行しやすいスキップ・ボミングを採用すべきであった。たとえこれが実現したところで、戦果は同じ程度にとどまったと思われるが、少なくとも〝死を前提とした命令〟を下す必要はなかった。

祖国と同胞を想い、黙々と死んでいった若者たちの心情を考えるとき、〝特攻〟戦術を考え出し、それを命じた者たちへの怒りを新たにするのである。

11

航空母艦をめぐる問題　その1

空母を含んだ艦隊を〝機動部隊〟と呼ぶ。

いまではあまり使われなくなった呼称だが、いかにも俊速で軽快、そのうえ力強い響きを持つ言葉である。

さて、太平洋上の闘いの主役は、空母とその艦載機であった。

日露戦争、第一次世界大戦で海軍の主要兵器であった戦艦は、いつのまにか航空母艦にその座を奪われていた。

戦艦の大口径砲は一トンの砲弾を最大四〇キロメートルの距離まで射ち出せるが、航空機はほぼ同じ重さの魚雷を五〇〇キロも運べるのである。

大西洋、また太平洋においても戦艦はほとんど活躍することなく終わっている。そしてそれとは正反対に、海軍の攻撃力は空母——それも集中して投入される——に移った。

空母が数隻協同すれば、最大級の航空基地群にさえ対抗できるのである。

その好例が、日本軍の行なった真珠湾奇襲、アメリカ海軍のトラック島攻撃であった。

日米両海軍は空母の集団使用が絶大な戦果をあげ得ることを知り、以後、その戦術を多用する。

第二次大戦において空母を有効に活用したのは、アメリカ、イギリス、日本の三ヵ国だけであり、とくに日米海軍にその傾向がいちじるしい。

イギリス海軍は艦載機が旧式で、また空母の搭載機数が少ないことから限定使用にとどまった。

ともかく最大規模の空母部隊を駆使したのは日米だけで、その意味から日本の科学、技術の面の優秀さは充分、誇るに足るものであった。

航空母艦ほど精密、複雑な兵器〈体系としての〉は、ほかに存在しない。

船体、機関とその艦上で運用される航空機まで、完全に自国で建造／製造可能な国は、現在にいたるもアメリカ、イギリス、フランス、ソ連、日本の五ヵ国だけである。

ところで、第二次大戦中に登場した空母の数を見ていくと、アメリカ一二〇隻、日本二五隻となる。

この差はまさに国力によるものであるから、本書の研究目的の枠外にある。

そこでこれ以後については、設計と運用の思想の差に言及してみたい。

外観的に、またカタログデータからは同じような日米の航空母艦であっても、使い易さといった面からはすべてにおいてアメリカ海軍が優れていた。

そしてそれは、他の事項と同様に――けっして建造、運用にかかる費用の点からではなく――日頃の工夫、研究心、技術分野の底辺の差から生じたものであった。

カタパルトの有無

カタパルト（Catapult）とは、古代の戦争に用いられた石や矢の投射器のことである。

現在では航空母艦の甲板前部に設けられ、重さ二〇トンの物体（航空機）を時速一六〇キロまで加速させるほどの能力を持つ。

爆弾や燃料を満載した航空機を、狭い空母のフライトデッキから発進させるためにはなくてはならない装置と言える。

また、カタパルトの能力が大きければ、発艦作業のさい、

㈠、甲板上のスペースが有効に使用できる

(二)、二発艦に要する時間が短縮できる
(三)、母艦が低速航行中でも発艦可能となる
といった利点が生まれる。

太平洋戦争の機動部隊同士の海戦を見ると、まさにそれは時間との勝負であり、その場合のいずれの項目もきわめて重要であった。

一九二〇年代の終わりに初めて航空母艦が誕生したとき、それに載せる艦載機の性能が低かったため、カタパルトは不要であった。

しかし、航空機が高速化、大型化するにしたがい、発進時の負担を少しでも軽減しようとカタパルトの導入がはじまる。

イギリス海軍＝一九三八年完成のアークロイヤル
アメリカ海軍＝一九三七年完成のヨークタウン
から、米英の大型空母はいずれもカタパルトを装備し、以後それが標準となった。

ところが、日本海軍の航空母艦は、昭和一九年（一九四四年）完成の「大鳳」、翌年完成の「信濃」さえ、これを持っていない。

カタパルトの必要性は前述のとおりであるが、それは次のような具体的なメリットとして表われる。同じ大きさの空母の場合、

(一)について

甲板上に並べられる艦載機の数が二、三〇パーセント増加。つまり滑走発艦とカタパルト射出では、発艦に必要な距離が少なからず異なる。後者の方がずっと短くてすみ、この分が駐機スペースとなる。

昭和16年秋、ハワイ攻撃に備えて訓練中の空母「翔鶴」——右舷前方の島型艦橋、煙突、機銃など当時の典型的日本空母

(二)について

(一)とも関連するが、単位時間あたりの発艦ペースがいちじるしく上昇する。言い換えれば、攻撃隊を出発させるために要する時間が短縮できるわけである。

(三)について

かならずしも母艦が風に正対し全速力で走る必要がなくなり、狭い海域での航行の自由度が高まる。

などのプラス面が大きく、空母個艦の能力を向上させることにもなる。

このような利点がわかっていながら、日本

海軍はなぜカタパルトの開発、採用に消極的だったのであろうか。

この理由は次の二つにまとめることができる。

まず現状に満足し、このままで充分に強力な空母を保有しているとの慢心が存在したことである。

たしかに日本海軍の空母、艦載機の数は、昭和一六年秋の段階でイギリス、アメリカを凌ごうという水準にまで達していた。また艦載機の性能も、搭乗員の練度も世界一であった。このため、海軍の首脳は自軍の戦力を信じ切っていた。

次に日本の軍隊が、眼に見えない〝効率〟というものを軽視していたことによる。

たとえば、日米の主力空母を比較すると、データの上からは大差はない。

○日本　「翔鶴」　昭和一六年八月　竣工
排水量二万六〇〇〇トン、全長二五八メートル
出力一六万馬力　速力三四ノット
搭載機数八四機
○アメリカ　「エセックス」　一九四二年一月
排水量二万七〇〇〇トン　全長二六七メートル

出力一五万馬力　速力三三ノット
搭載機数九〇機

この二隻については、まさに同じ仕様書から生まれたのではないかと思われるほど似た数字が並んでいる。

エセックス級空母「ヨークタウン」――日本空母にくらべてカタパルトの保有や格納庫、乗員数などに多大な差があった

したがって、いわゆるカタログデータとしては同じに見られがちだが、カタパルトの有無が、航空機の発艦に関してエセックス（級）に有利に働くのは否めない。

空母対空母の闘いにおいて、両者が同時に敵を発見したと仮定しよう。

「翔鶴」八四機、「エセックス」九〇機の搭載機を発艦させるために必要な時間は、計算の仕方にもよるが、後者が半分で済んだはずである。

「エセックス」はフライトデッキの前部に二基のカタパルトを持ち、二機をたがいちがいに三〇秒ごとに発艦させることができた。

これに対し「翔鶴」は一機ずつが、それも長い距離を滑走しなければならないから、一機について少なくとも一分はかかる。

この差はきわめて大きいのである。

また、先の比較の中では取り上げなかったが、「翔鶴」と「エセックス」には数からいって二倍の開きのあるものが存在する。

それは両艦の乗員数であり、「翔鶴」一六六〇名、「エセックス」三五〇〇名となっていた。排水量をはじめ、他の要目が同じなのに、乗員数だけはこれだけの差がある。

なぜ、このような違いがでてくるのであろうか。

ひとつには対空砲の要員がエセックスに多いといったこともあるが、本質は飛行作業の効率化のためである。航空機の搭乗員の数は両艦とも大差はないが、運用関係の人数は「翔鶴」一に対して「エセックス」二・三に達していた。

別の見方をすれば、カタパルトによる発艦作業の迅速化は、それだけ多くの人手を必要としたということであろう。それにつけても日本の艦艇研究史の中で、空母の航空機発着能力について述べたものがこれまでのところ皆無なのは、なんとも残念である。

航空母艦をめぐる問題　その2

開放型格納庫と舷外エレベーターについて

飛行甲板の下には広大な空間、格納庫がある。一日の飛行作業を終えた艦載機は、一ないし二基のエレベーターでここに収容され、整備が行なわれるのである。

格納庫は数十機の艦載機を置かねばならないから、左右両舷いっぱいにまで拡げられている。

この格納庫の設計の考え方が、日米両海軍によって大きく異なり、それが別の意味からは戦局まで左右することになった。

○日本海軍は四角い箱型でエレベーターを上げたときには完全に密閉されるタイプ

○アメリカ海軍は舷側に扉をつけて、両側を開ける形の開放タイプ

を採用した。アメリカは初期こそ日本海軍と同じ密閉型としていたが、すぐにこの方式の不利を悟って、開放型に変更したのである。

文章ではなかなか説明しにくいのだが、日米の航空母艦を真横から見た場合を仮定しよう。アメリカの母艦は格納庫の扉が開いているときは、向こう側の景色が見えて

おり、加えてエレベーターを舷側に装備している。つまり、フライトデッキの外をエレベーターが上下するわけである。

日本艦ではデッキの中央にポッカリと穴があく形でエレベーターを動かすが、これを中央エレベーター方式と呼ぶ。

アメリカの空母　　日本の空母

●格納庫が開放型　　●密閉型

●舷外エレベーター　●中央エレベーター

一見なんでもないふたつの相違が、いざ実戦に参加するとなると、航空母艦の戦闘力に信じられないほどの影響力をあたえるのである。

まず、アメリカ海軍の開放型格納庫について述べる。

敵の爆弾が命中し、それは飛行甲板を貫通して、格納庫内で爆発したとする。

このとき、密閉型では爆発力は艦全体に被害をあたえてしまうが、開放型では爆発力の大部分は外部に逃げ、被害は少なくてすむ。

次に、他の個所から格納庫に火災が迫ってきたとする。ハンガーの中には燃料を満載した航空機や爆弾や魚雷が多数置かれている。

このようなとき、開放型の格納庫なら、エレベーターが故障していようといまいと、両舷から可燃物を短時間で投棄できるのである。

　自艦の持っている爆弾が火災や衝撃で爆発したら、目も当てられぬ惨状を呈する。場合によっては無傷の航空機さえ、延焼を防ぐためてなくてはならない。

　いったん戦闘がはじまれば、それは当然、苛酷なものになるのである。

　密閉型格納庫では危険物を投棄しようとすると、炎の中でそれらをエレベーターに積み込み、甲板まで持ち出さなくてはならない。

　それ以外に棄てる方法がないのである。

　敵弾の命中によりいったん電力の供給が絶たれ、エレベーターが動かなくなったら、艦内に爆弾や魚雷を積んだまま誘爆を待つばかりの状況になる。

　昭和一七年六月のミッドウェー海戦において、一時は無敵を誇った日本の空母部隊は、一隻あたりわずか三ないし六発の二五〇キロ爆弾の命中により沈没してしまった。

　とくに「赤城」「加賀」はじつに排水量四万トン近い巨艦でありながら、この有様である。

　攻撃隊の発艦準備中に敵の急降下爆撃を受け、爆弾としては小型に属する二五〇キロ爆弾の命中により搭載機が炎上した。

　それが燃料、弾薬を誘爆させ、火災のために空母自体を放棄せざるを得なくなってしまった。

火が格納庫に入ってからは、前述の理由から消火は絶望的であった。船体、機関部には異常はないものの火勢が強く、結局、浸水ではなく火が巨艦の命を奪ったのである。

実質的に日本海軍の基幹であった第一航空艦隊（機動部隊）の「赤城」「加賀」「蒼龍」「飛龍」の沈没は、日本の勝利の可能性を一挙に消し去った。

そして、その四隻がともに火災によって戦闘能力を喪失した理由こそ、密閉型格納庫方式が最大の原因といえるのではあるまいか。

また、その後行なわれた南太平洋海戦では、「翔鶴」のエレベーターがたった一発の二五〇キロ爆弾（命中弾は合計三発）によって損傷、航空機の発着艦が不可能となった。このタイプ（翔鶴瑞鶴）は飛行甲板に三つのエレベーターを持っていたが、それが全部中央に設置されていたから、一基でも故障すれば発着はかなり困難となる。

それに対して「エセックス」クラスのエレベーターは、初期のタイプでは一基が、のちにその全部が舷外に設けられていた。

もちろん、アメリカの空母でも商船の船体を利用した護衛空母は、中央エレベーター方式を採用している。これは排水量一万トン前後の小型で、スペースにも復元性にも余裕がないことによっている。

一方、日本海軍（正規空母であっても）は最後まで密閉型格納庫、中央エレベーター方式を変えようとしなかった。

　このようなところにも、日本海軍の研究不足が表われているのである。

　アメリカ海軍は、一九四二年からエセックス級を一五隻も完成させ、つぎつぎと戦場に送り出す。

　このタイプはすべてカタパルト、開放型格納庫、舷外エレベーター装備であり、日本軍の攻撃により大きな被害を受けながらも、そのすべてが生き残った。

　カタログデータは同様でも、戦場における戦闘力とサバイバビリティ（生存性）については、日本の空母とは比較にならないほど高かったのであった。

航空母艦をめぐる問題　その3

護衛空母の活躍

　太平洋戦争中に日米両国が投入した航空母艦の数は、二五隻対一二〇隻であることはすでに述べた。

　隻数からいえばアメリカは五倍を建造したわけだが、いかに国力を誇るアメリカといっても、大型の航空母艦をそれだけ揃えることは不可能だった。

排水量三万トンの大型空母（正規空母）はその四分の一であり、
○巡洋艦の船体を利用した軽空母
○貨物船の船体を流用した護衛空母
を大量に建造したのである。

この貨物船をベースにした簡易型の空母は、一度に五〇隻が発注され、最盛期には一週間に一隻の割で進水する。

日本海軍にとって、この数が脅威であったことは当然である。

しかし、ここでは別な見地からこの護衛空母に焦点を当ててみよう。

まず典型的な護衛空母「カサブランカ」級の要目を掲げるが、全長一五六メートル、全幅三三メートル、排水量七八〇〇トン、速力二〇ノット、搭載機数三四機、乗組員一一〇〇名であり、先に紹介した「エセックス」級正規空母と比較すると、排水量はわずか三分の一、全長は六割にすぎない。

また、とくに驚くべきことは飛行甲板の長さで、それはたった一五〇メートルである。このような距離で本当に航空機が発着できるのか、と思うほど短いが、ここでもカタパルトが活躍する。

もちろん装甲が施された部分など全くなく、船体は貨物船そのものである。加えて機関出力は九〇〇〇馬力と信じられないほど少なく、速力も低いままである。

このように「カサブランカ」級の航空母艦としての見かけの能力は、きわめて低いと評価せざるを得ない。

日本の空母は、大正時代に造られた実験艦的な要素の強かった「鳳翔」を除けば、これほど小さいものは一隻もない。

最小の「千歳」型であっても、全長一八六メートル、全幅二一メートル、排水量一万一二〇〇トン、速力二九ノット、搭載機三〇機、乗員七九〇名でかなり大きく、速力も速い。

「千歳」の機関出力（五万六〇〇〇馬力）にいたっては、「カサブランカ」級のじつに六倍である。

この二隻を比較すると、日米両海軍の思想の差が如実に表われてきて興味をそそられる。

まず、アメリカ海軍の小型空母に対する割り切り方がなんとも素晴らしい。正規空母の能力に近づけようとせず、新しい独立艦種として護衛空母を考えている。

ともかく三〇機程度の航空機を運用でき、中程度の速力を有する海上プラットフォームとして位置づけているのである。

このプラットフォームの役割は正規の大型空母以上に多く、船団の対空護衛、対潜哨戒、陸軍の陸上戦闘支援はもちろん、緊急の場合は航空機輸送艦の任務もこなした。日本海軍の大型空母との正面切っての対決は避け、徹底的に補助的な役にまわったのである。

前述のような任務であれば小まわりのきく小型空母の方が、かえって使いやすい場合も多かった。

これに対して日本海軍は、どのような空母であっても、機動部隊の中核としての役割を期待していた。

そのため構造が簡単で、建造に手間も時間もかからない護衛空母を造ろうとしなかったのである。

商船を改造した、

「海鷹」　元あるぜんちな丸　一万四〇〇〇トン

「神鷹」　元シャルンホルスト（ドイツの商船）　一万八〇〇〇トン

などを建造したが、「カサブランカ」級より二倍も大きな豪華客船からの改造である。

アメリカ海軍は、護衛空母はこの程度のもので十分と考え、そのかわり「カサブランカ」級五〇隻をわずか一年で完成させたのである。

貨物船の船体を流用し、簡易設計、戦時急造の「カサブランカ」級ではあるが、随所にアメリカ海軍の艦船設計者の手腕が光っている。

船体は貨物船そのもののカサブランカ級護衛空母「サギナウ・ベイ」日米の思想の差が如実に表われていて興味深い

㈠、カタパルトの装備

これなしには護衛空母は存在できなかった。

しかし、カタパルトの有効性については前項に譲る。

㈡、広い飛行甲板

もう一度、先に掲げた要目の〝全幅（ほぼ飛行甲板の幅でもある）〟の数字に注目していただきたい。

「千歳」型はわずか二一メートルであるが、これよりふたまわりほど小さい「カサブランカ」級は三三メートルと五〇パーセントも広い。

この三三メートルという数字は、実質的に日本海軍最大の空母「大鳳」（二万九〇〇〇トン）の三一メートルより広いのである。

アメリカ海軍のもっとも小さな空母のフライトデッキの幅が、日本最大の空母のそれより広い。

これは何を意味するのであろうか。

空母の飛行甲板は広ければ広いほど良いことは誰にでもわかる。それでいながらこれほどの差が出るとは、なんとも信じられない事実といえるのであった。

この点について、旧日本海軍の造船技術者に尋ねてみたい気がする。

次に搭載機数の問題がある。空母の排水量と搭載機数を調べてみると、一部重複するが、

「カサブランカ」級	七八〇〇トン	三四機
「コメンスメント・ベイ」級	一万九〇〇〇トン	三四機
「千歳」級	一万一二〇〇〇トン	三〇機
「大鷹」級	一万七八〇〇〇トン	三〇機

（いずれも小型空母）

となる。
これを航空機一機を運用するのに必要な排水量に換算して比較してみると、
アメリカ海軍　二七五トン
日本海軍　四八三トン
となり、効率的には五〇パーセントもアメリカが高いといえるのである。
㈢、乗員数
ふたたび重複するのを気にせずに記せば、
「カサブランカ」級　乗員一一〇〇名
「コメンスメント・ベイ」級　乗員一〇七〇名
「千歳」級　乗員七九〇名
「大鷹」級　乗員七五〇名
で、アメリカの空母の乗組員数は、日本空母よりずっと多い。
これまた、前述の運用効率に大きく貢献しているのではあるまいか。
結局のところ、小型空母の分野でも、日本はアメリカに大きく水をあけられてしまった。
一見、簡易型で弱体と思われていた護衛空母であっても、その性能は侮れないものであり、場合によっては日本海軍の正規空母を脅かす存在にまで近づきつつあったのである。

その根本は、アメリカ海軍の先見性にあったと見るべきであろう。

12
ダメージコントロールの思想

アメリカ海軍が軍艦の設計に際して、ダメージコントロールの思想を系統的に取り込んだのはいつ頃からだったのだろう。

ダメージコントロール（海上自衛隊の言い方を真似て、以後〝ダメコン〟という）とは、戦闘によって艦艇が損傷を受けた場合、如何にそれを救うかといった対策のことである。

日本海軍ではこれを〝応急作業〟と呼んでいたようである。

損傷を受けても沈みにくい軍艦とするためには、ふたつの方法が考えられる。

A　設計の段階から可能なかぎり不沈構造とすること
B　損傷を受けたあと、ダメコンを徹底的に行なうこと

日米海軍の主要な艦艇を見ていくと、Aの方策については両者ともにかなり研究していたことがわかる。

軍艦の設計者なら、自分の責任において少しでも沈みにくい船を造ろうとするのは当然であろう。

装甲を厚くし、艦内の防水区隔を多くし、弾薬庫に消火装置を取りつける。いずれもごくごく基本的な対策といってよい。

しかし、それを徹底すればするほど、重量、作業量は増え、建造費用も高額になる。その結果は、隻数の減少につながるのであった。

機械類、航空機、艦艇の設計は、すべての面において妥協の産物だと言われているのは、このためである。

それはともかく、太平洋戦争で沈んだ日米の大型軍艦（巡洋艦以上）を見ていくと、アメリカのそれの沈みにくさがはっきりする。

それぞれの艦種について比較するさいに気をつけなくてはならない点は、アメリカの戦艦は戦闘中、一隻も沈んでいないことである。

戦争勃発時、日本海軍の真珠湾攻撃によって六隻の戦艦が沈んではいるが、それらは戦闘状態にはなかった。

防水扉は開いたままであったし、乗組員の半数が休暇をとっていた艦もある。

したがって比較するとなると、航空母艦と巡洋艦を対象とする以外にない。

アメリカの空母については別稿でも触れているので、ここでは巡洋艦、それも八インチ（二〇センチ）砲を備え、排水量一万トン前後のいわゆる重巡洋艦に話を絞ろう。

日本の重巡は、カタログデータ上からは、たしかに列強海軍の同級艦を凌駕していた。七インチ（一八センチ）砲にこだわったソ連海軍の巡洋艦は論外として、米、英、独、仏、伊各国のそれより、搭載砲の数が多く、加えて魚雷兵装も強力であった。

速力については軽装備で高速なフランス、イタリア艦につぐ三四ノット（時速六三キロ）を確保していたのである。

そして装甲についても、いちおう米、英の重巡の同程度と考えられる。

しかし、カタログデータ、外観からはまったくわからないところにひとつの大きな弱点が潜んでいた。

それは、機関部の防水区隔の仕切り方である。

当時の大型艦のエンジンは、五万ないし二〇万馬力の出力を発揮するが、現代の客船などとちがって、数基の組み合わせとなっていた。
それらを合計すると、前述の大出力となるのである。
また、機関の形式としては、
㈠、ボイラー、タービンの組み合わせ
㈡、この組み合わせから発電機をまわし、電気モーターで推進
㈢、ディーゼルエンジン
の三種が主力である。日本の大型艦の大部分は㈠、ごくまれに㈢となっている。
それはともかく、軍艦の心臓である機関部には、損傷したさいの浸水を防止する区隔を設けなければならない。その防水区隔は、細かければ細かいほど効果は大きくなる。
ただしボイラー、タービンのいずれも小さな住宅ほどの大きさだから、区隔の寸法には限度がある。
日本重巡の場合、機関室の前後にもっとも主要な防水用の区隔（主として隔壁、これをバルクヘッドという）は、機関室の前後につけられていた。
これは、平均四基からなる主機関（主機）を二基ずつ並行に設置したことによる。二基ずつ縦に並べ、その中央に隔壁がくる。
ところが、同じ四基の主機を並べるにしても、アメリカの場合、それを少しずつ前

手前より「鳥海」「高雄」「愛宕」「摩耶」――技術の粋をこらした重巡だったが、防水区隔の仕切り方に弱点が潜んでいた

後にずらすような工夫がなされていた。

これにより区隔の設け方が複雑にはなるものの、バルクヘッドの間隔をずっと狭くすることができる。

このため万一浸水がはじまっても、一定の部分だけに抑えられるのである。

また大損傷を受け、沈没が免れないとなったときでも、沈むまでの時間を稼ぐことができる。

損傷から沈没にいたる時間を少しでも引き延ばすのは、乗組員の脱出という点からきわめて重要である。

重巡洋艦の場合、一〇〇〇名前後が乗っているから、一瞬にして沈むのと、数時間浮いているのでは犠牲者の数がまったく違ってくる。

太平洋戦争において日本側は三六隻の各種巡洋艦を失った。その一方で連合軍側の一五隻（アメリカ一〇、イギリス三、オランダ二隻）を撃沈している。

個々の状況、各艦の建造時期、排水量などがそれぞれ大きく異なるので、比較は容易ではないが、次の点は明らかである。

アメリカの重巡の喪失は七隻であるが、そのうちの一隻（インディアナポリス）を除いて、すべて沈没までにかなりの時間がかかっている。言い換えればそれだけ強なのである。

また前述の防水区隔に加えて重心を低くした設計が功を奏し、日本の重巡のように損傷、転覆、沈没という形になりにくかった。

砲弾、爆弾、魚雷が命中しても、長い時間浮いていたのが印象的でさえある。

また構造上、日米の大型艦にはもうひとつ大きな違いがあるが、それは艦の舷側に設けられた丸窓（舷窓）の有無である。

日本の軍艦は最後まで舷窓を設けていたが、アメリカ海軍は戦争の初期にすぐ戦訓を学び、これを全面的に廃止した。

舷側に開けた窓は、いかに防水ハッチを厳重に締めたところで、戦闘となればその軍艦の弱点となる。

砲弾、爆弾が命中すれば、その衝撃でハッチは吹き飛び、ガラスが割れる。そうなれば舷窓からの浸水を防ぐことはできない。

この可能性が少しでもあるなら、これを廃止すべきである。

開戦から半年足らずのうちに、アメリカ海軍は早々とこれを実行した。

それでは次の段階、つまり軍艦が損傷を受けたあとのダメージコントロールに話を移そう。

日米海軍の最大の違いは、この点にあった。

日本・応急作業の専門士官はおらず、一般的には副長、先任士官がこれを担当する。
砲術長が兼務することが多い。

アメリカ・ダメコン専門の士官を置いていた。大型艦においては十数人、空母においてはより多数の例がある。

つまり日本海軍の場合、損傷への対策はあくまで片手間の仕事と考えていた。

戦闘がはじまり、敵弾の命中によって艦長が死亡あるいは損傷した場合を考える。

副長は敵と闘いながら、自艦の浸水、火災に対処しなければならない。

敵弾がつぎつぎと飛来し、自艦の損傷がひろがりつつある中で、これを同時に行なうのは不可能なのはだれが考えてもすぐわかる。

そのうえ、日頃から砲術の勉強に熱心でも軍艦の浸水の防止、火災の消火方法など正式に学んでいないから、適当な対応は難しい。

もともと両方の任務を一人の人間に課すこと自体に無理がある。

一方、アメリカの軍艦にはダメコンの専門家（士官、そして兵員も）がそろっているので、それ以外の者は敵を攻撃することに専念できるのである。

このこともあって、日米軍艦の乗組員数に大差があるのではないだろうか。

同時代に建造され、排水量がほぼ等しい各種の軍艦の乗員数を比較すると、表のようになる。

表から一目でわかるとおり、排水量一トンあたりの乗員数は、アメリカが平均二割程度多くなっている。

このすべてがダメコン要員でないことは明らかであるが、その一方で米海軍の方がこの分野の人手を充分に持っていたのも事実のようである。

古くから艦船の研究者、マニアの間で言われていた、

○日本の軍艦はあまりに攻撃重視の設計

○アメリカの軍艦は平凡であるけれども、攻守のバランスに優れているとの評価は的を射ていた。

	乗組員数名	排水量	竣工年度
	年	トン	名
戦艦			
長門級	1920	33800	1330
メリーランド級	1923	32500	2100
航空母艦			
翔鶴級	1941	25700	1660
エセックス	1942	27000	3500
重巡			
高雄級	1932	9900	730
ポートランド級	1932	10200	810
駆逐艦			
陽炎級	1939	2000	240
リバモア	1940	1630	250
潜水艦			
丁型	1944	1440	55
ガトー級	1942	1530	80

ほかに防御力に優れていたのは、ドイツの大型艦（シャルンホルスト級巡洋艦、ビスマルク級戦艦）であるが、攻撃力は日、米、英の戦艦と比較して明らかに低かった。

またイギリス、イタリア、フランスなどの大型艦の防御力は、アメリカのそれより大幅に低いと考えられる。

このダメージコントロールの徹底化は、現在においてはアメリカ海軍、海上自衛隊だけが実践しているようである。

イギリスの軍艦は一九八三年のフォークランド紛争のさい、この弱点を露呈した。駆逐艦「シェフィールド」（四一〇〇トン、一九八一年竣工）は、アルゼンチン空軍機の対艦ミサイル〝エグゾセ〟の命中を受け、沈没した。

この沈没までの経過を見ていくと、

エグゾセは命中したが弾頭は爆発せず

ただしロケットの推進薬が燃焼しつづけ

炊事中のフライの油に引火し、延焼

その消火作業に失敗、大火災、沈没

となる。

一説には、弾頭が爆発したとの報告もなされているが、この駆逐艦を沈めたのは明らかに——浸水ではなく——火災であった。

戦闘海域での揚げ物調理、その後の消火作業の失敗など、アメリカ海軍から見ればイギリス海軍のダメコンに対する研究不足が指摘できるであろう。

著者はアメリカ、イギリスの空母に乗った経験を持つが、火災に対する装備の違いに驚かされた。

ともに消火栓、消火器、防火壁が多数設けられていたが、同じ空母でもイギリス海

特攻機の突入をうけ炎上する「フランクリン」——乗員必死の消火と応急作業により沈没をまぬがれ、本国に回航された

軍のそれには、燃えやすい木材（とくに家具調度品の類）が各所に使われていた。

なおソ連の軍艦についても、ダメージコントロールへの気配りがなされているとはいい難い。

このアメリカ軍の軍艦のタフネス振りは、太平洋において日本軍との死闘を戦訓として育ってきたものであろう。

アメリカ軍の場合、艦船、航空機だけではなく、戦闘車両（とくに戦車）についてもダメージコントロールが実践されてきた。

たとえば機関部への命中弾に対する炭酸ガス消火システムなどがこの例である。

また、とくに戦車の搭載する砲弾については、種々のダメコン手段を重視してきた。

砲塔内に隔壁を設け、砲弾のラックをその外側に置く、あるいは砲弾の格納スペース内に水を貯え、敵弾が命中したさいの誘爆を防止するといった有効な方法が早くから取り入れられた。

このため戦闘力がとくに強大とはいえないアメリカ戦車ではあったが、被弾したさいの乗員の死傷率はかなり低かったのである。

軍艦、いや軍用機、戦闘車両なども、それが戦いの道具であるかぎり、生き残るための手段は大いに研究されねばならない。

それは設計、製造、運用のあらゆる面で、戦力の増加、兵士たちの安全のために必要欠くべからざるものであるからである。

13

暗号解読技術

戦闘の勝敗が情報の収集量と分析力に左右されることは論を待たない。

また、その中で敵国の暗号を解読することは、自軍の勝利に直結する。

日本軍の最高機密の暗号が、アメリカの情報部によって解読されていた事実は広く知られている。

まだ真偽のほどがはっきりしない〝真珠湾奇襲〟のさいはともかく、少なくとも、

一、開戦にいたる日米交渉の途中経過

二、ミッドウェーにおける日本海軍の作戦目的（ミッドウェー島の占領）

三、山本五十六大将（当時）の移動計画

などが、事前にアメリカ側に知られていたのは間違いない。

いずれの場合も、アメリカ軍は日本の動きをあらかじめ摑んでいて、絶好のタイミングで迎え打っている。

とくに山本大将の襲撃は、暗号を完全に解読し、充分に余裕を持って目的を達成した。

それだけではなく、暗号解読の事実を日本側に悟られないための後始末までも手抜かりなく実施している。

この点から日本軍は思うままに翻弄されたといってよい。

アメリカはいつ頃から日本軍（および政府）の暗号を解いていたのであろうか。

最近の研究によると、それはなんと第一次世界大戦後の一九一九年（大正八年）の十二月からとのことである。

当時の国務省内に設けられた暗号傍受・解読室（通称ブラック・チャンバー。暗箱、

暗室の意）は、日本の外交用暗号の大部分を解き明かしていた。

一九二二年にワシントンで開催された主力艦の建造比率協定（ワシントン条約）会議のさい、日本政府と代表団のやりとりなどすべて事前に知られていたようである。

もちろん、暗号のすべてを完全に解読していたわけではあるまいが、それでも大要はしっかりと摑んでいたのであった。

日本側の専門家は外交電報暗号、軍事暗号などに絶対の自信を持ち、とうてい解読されないとしていたが、それはまさに「井の中の蛙」でしかなかった。

ブラック・チャンバーは第二次大戦の勃発（一九三九年九月）時から拡大され、最盛時には一万人の職員を抱え、日、独、伊、そして友邦であるイギリス、ソビエトの暗号解読に当たるまでになる。

また、米英は新しい暗号解読システム〝エニグマ〟を開発し、ドイツの情報を軽々と入手していた。

この点からも、アメリカとイギリスは世界の先端を進んでいたことになる。

これに対して日本軍の暗号解読技術は、きわめて低かったと言わざるを得ない。

日頃からこの方面への関心が薄く、軍人たちは暗い部屋で何ヵ月もつづく地味なデスクワークを嫌った。かといって、大学の研究者を大量に投入するといった努力もしていない。

暗号の解読は直読法をとるかぎり結局のところ、確率論、数学、物理学、統計学を駆使して取り組む大作業である。

数十人の若手士官、将校を短時間訓練したところで、使いものになるわけではない。何年もかけて根気よく電文を集め、分析し、同じ記号、同じ言葉の繰り返しを基礎として解読していくのである。

気の短い日本人には、なんとも苦手な分野といえるのではあるまいか。

昭和一九年から日本の陸海軍も、アメリカと中国（国民政府）間の外交暗号を解読するまでに進歩した。また、中国軍の暗号もかなりの部分までわかるようにはなった。しかし、アメリカ、イギリス、オーストラリアに関しては、まったくお手上げのままで終わるのである。

暗号については、作成と解読がある。

㈠、自国政府、自軍の文章を暗号に作成

㈡、相手政府、敵軍の暗号を解読

するわけだが、㈠の能力が低いということは、㈡についても同様である。

したがって味方の暗号は解読されやすく、敵のそれは解読しにくい。

こうなっては戦闘の不利はまぬがれ得ず、最終的な敗北にいたる。

日本とアメリカの暗号解読能力を数字で表わすことは難しいが、この作業にたずさわる人数の比は少なくとも初期には一対五、中期以降一対一〇であった。

これはこのまま能力の差と見ることもできよう。

アメリカは、この分野でも日本を大きく引き離していたのであった。

しかし、アメリカの諜報活動も常に順調であったわけではない。どこの国でも困った人物がいるもので、それがアメリカの場合、一九二九年にその地位についたスティムソン国務長官であった。

彼は真正直な人格者ではあったが、その性格のため諸外国の外交暗号電報の盗聴、収集、解読に反対した。

「紳士は他人の文書の盗み読みなどするべきでない」

という主唱を持っていたのである。このため一九三〇年代の初期、ブラック・チャンバーは一時的ながら縮小されている。

もちろん平時においての盗聴、暗号解読などよいことではけっしてないが、かといって自国のみ手を汚さないわけにはいかない。

あらゆる外交は交渉であり、そうであれば事前に手の内を相手に盗まれるのは最悪であろう。

この点、現在の我が国の状況はどうなっているのか、知りたいものである。

この暗号については、日米両軍の考え方の相違がはっきりと示されていて大変興味深い。

○日本軍

命令の暗号化を徹底的に行ない、簡単な電文、緊急の際の通信も平文(ひらぶん)を使うことを許さなかった。

その反面、もっとも重要な命令暗号までが、敵に解読されていた。

○アメリカ軍

緊急時には平文の発信が許可されていたが、これは敵(日本軍)がそれをキャッチしても対応には時間がかかるとの判断である。

一方、重要な電文については高度な暗号技術により、日本の解読を最後まで許さなかった。

これはアメリカ軍の強さの一端——柔軟性／フレキシビリティー——をよく表わしているとも言えるのであった。

14
歩兵銃の実態と自動小銃の開発

日本の陸軍は明治三八年（一九〇五年）に制式化された三八式歩兵銃を持って、日露戦争以後の戦争を戦い、それは終戦まで変わらなかった。

明治三八年の歩兵銃とはかなり旧式な感じもするが、小銃、拳銃、機関銃の類は、どこの国の軍隊でも約半世紀にわたって使われる。

ただ大きな戦争があると、それをきっかけにして新しい軽火器に移行する例が多々見られるというだけである。

アメリカ陸軍は装備品として、

コルトM一九一一自動拳銃　一九一一年制式化

AN-M2／3機関銃　一九一七年制式化

をつい最近まで使用していた。したがって太平洋戦争のさいの三八式がとくに旧式とは言えないのである。

しかし、それでもなお日本陸軍の主力小銃については、研究不足の面がじつに多く見られる。そしてまた、数十年にわたり誰ひとりとしてそれを改良しようとしなかった。

○寸法と重量

三八式歩兵銃は口径六・五ミリ、全長一・二八メートル、重量四・〇キログラム、装弾数は五発、有効射程八〇〇メートル、最大射程三・五キロとなっていた。

性能的にはドイツ陸軍の主要小銃モーゼル98型と大差はない。

またアメリカ陸軍のスプリングフィールドM一九〇三、エンフィールドM一九一七ともほぼ同様であった。

しかし、寸法、重量、性能が変わらないとすると、最初から不利な点が生ずる。

太平洋戦争勃発頃の日本人男性の体重、体格は、現代の若者と比較して一割ほど軽く、小さかったと思われる。平均すれば体重五三キロ、身長一五八センチ程度か。

これに対して白人の平均値は体重七八キロ、身長一七六センチ（アメリカ陸軍一九三九年）である。

これだけ体格に差がありながら、同じ重さの小銃を扱うのは容易ではない。銃の全長は、白兵戦（ごく至近距離で敵味方入り乱れての戦闘）の場合銃剣を装着するので、短くできないことは理解できる。

しかし、重量を小さくするのは、兵士の疲労を軽減し、それは戦闘時の命中率を高めることにもつながるのである。

この点に日本の技術陣がようやく気づいたのは、昭和一〇年代に入ってからであった。

昭和一四年に制式化された九九式短小銃では、口径が七・七ミリに変わった以外に全長が一五センチ短く、重量が二〇〇グラム軽くなっていた。

これは大きな進歩だが、アメリカはより軽く短いM1カービンを四一〇万以上も量産している。

一九四一年（昭和一六年）から大量に製造されたこのライフルは全長九三センチ、重量はわずかに二・五キログラムである。三八、九九式と比較しても三三パーセントも軽い。そして装弾数は一五発と、日本の歩兵銃の三倍もあった。

これらを総合すれば、小銃の使い易さでも日本はアメリカに水をあけられていたことがわかる。戦闘が少しでも長引けば、軽い銃の方が疲れずにすみ、また激しくなればなるほど装弾数の多い方が有利なのはいうまでもない。

○射程の問題

当時の歩兵銃を調べていくと、信じられないような思想から設計がなされ、またそれに見合った器具が装着されている。

三八式歩兵銃には、最大二五〇〇メートルまで使える照尺(狙いをつけるため備えられた小型の器具)がついている。

人間を射撃するのに二五〇〇メートルの照尺である。

二・五キロ先の位置にいる人間を、肉眼ではっきりと見ることができるのだろうか。また狙撃の名手なら、この距離から弾丸を命中させることが可能なのであろうか。

答えはいずれも否である。それでも三八式の照尺には二・五キロまでの刻みがつけられていた。

より実質的な有効射程は最大でも六〇〇メートル、現実に命中を期待できるのはせいぜい四〇〇メートル以内である。

現代の小銃の設計思想は急速に進歩している。この一番手となったのは、アメリカが一九六〇年代に開発し、ベトナム戦争から投入したアーマライトM16である。
　この自動小銃は、
　一、歩兵の射撃で効果のある距離は最大でも五〇〇メートル
　二、軽量の弾丸でもこの程度の距離なら、弾速はあまり低下しない
　三、口径を小さくすれば弾丸も軽くなり、一人の歩兵の携行可能な数を一挙に増やせる

三八式歩兵銃――性能など各国のものと大差ないが、2500mまで使える照尺など、設計思想が奇異に感じられる点もある

といった研究成果にもとづいて造られている。このため口径は二二口径（〇・二二インチ、五・五六ミリ）と非常に小さい。
三八式（六・五ミリ）弾丸重量九グラム
九九式（七・七ミリ）弾丸重量一一・五グラム
と比較すると、M16の弾丸の重量はわずかに三・六グラムと、三分の一ないし四分の一

である。

歩兵の携行重量約二〇キログラムのうち、弾丸（薬莢、クリップを含む）に三キログラムを割り当てると仮定すると、

七・七ミリ口径なら約一〇〇発

六・五ミリ口径なら約一五〇発

五・六ミリ口径なら約三〇〇発

を持つことができる。

そして、いずれの弾丸を用いたとしても、射程は四、五〇〇メートルであることに変わりはない。

このように冷静に分析を重ねれば、第二次大戦の時代にあっても、より軽量で、かつ大量の弾薬を持つことのできる歩兵銃を設計できたのであった。

要は既存の兵器について、常に、「これで良いのであろうか」といった疑問を持ち得るかどうかであろう。

それはまた、どのような兵器に対しても言えることなのである。

さて三八式歩兵銃については、もうひとつ信じられないほどの杜撰さが伝えられている。

この歩兵銃を製造するとき、全体図面、部品図は当然用意されたものの、もっとも重要な部品公差が統一されないままであったとのことである。

〝公差〟とはあまり聞き慣れない言葉だが、工業の分野では、「機械加工のさい、工作物の許容できる最大寸法と最小寸法との差」を意味する。

これが統一されていないと、精密な部品の交換が不可能となる。つまり、ひとつの部品が破損、または紛失した場合、代わりのものが緩すぎるか、堅すぎるかして、交換できないのである。

したがって、同じ工場で造られた部品しか使えず、不便きわまりない。

これが日本陸軍の最重要の兵器なのであった。

○自動小銃

小銃と機関銃の中間に位置する自動小銃（オートマチック・ライフル）については、アメリカ、イギリス、ドイツ、ソ連を中心に早くから開発が進められていた。

遠距離の狙撃には適さないが、密林の中の闘いや市街戦となれば一分間三〇ないし四〇発の発射速度を持つ自動小銃は、槓桿式（ボルト・アクション）の歩兵銃と比較して圧倒的に有利となる。

米軍アーマライトM16自動小銃——口径を小さくして弾丸を軽くし、携行可能弾数をふやすべく、1960年代に開発された

歩兵銃の発射速度は、せいぜい五ないし七発／分しかないからである。

豊かなアメリカ軍は第二次大戦直前にM1ガーランド、M1カービンといった半自動式（セミオート）ライフルを配備していた。

これらの自動小銃は、発射のさいにボルトを動かす必要はなく、引金を引くごとに自動的に発砲することができる。

戦闘となったら、この有利さは槓桿式の比ではない。

なぜなら発射速度が大きいだけではなく、射撃の姿勢を変えずに射ちつづけることができるので、当然、命中率も向上する。とくに相手が動いている場合、この利点は言うまでもなかろう。

日本以外の列強がつぎつぎと自動小銃の導入を進めているにもかかわらず、我が国ではごく一部の輸入品を除いてほとんど使われずに終わってしまった。

試作品としては、自動小銃一型、五式小銃などといわれるものが完成していたが、制式化されなかった。

日本陸軍が自動小銃の導入に踏み切らなかった理由が、つぎに示すようにいかにも旧軍らしい。

㈠、製造費が高価となる

㈡、弾丸の消費量が増加する

㈢、熟練した兵士なら、三八式歩兵銃でも一分間に六、七発発射でき、自動小銃に対抗できる。

㈠、㈡の理由については、いかにも「貧乏な国の軍隊」としての感情が露呈している。我が国は金がないのだから槓桿式小銃でよい、とするのはそれなりに卓見とも言えそうである。

しかしその一方で、陸軍の予算の無駄使いは凄まじいほどであった。

航空機の輸入（イタリア・フィアットＢＲ20爆撃機八五機）、エンジンのライセンス購入（ダイムラー・ベンツＢＲ600系）には、交渉の杜撰（ずさん）さも加わって、通常の数倍の外貨を費やしている。

加えて陸軍高官は、連日連夜にわたり、高級料亭での飲食を繰り返していた。

日本の軍事関係費は、総予算の四〇パーセント（昭和一五年）に達しており、そしてその六割が陸軍にまわされていた。

それにもかかわらず、新兵器の開発は皆無に近く、小は拳銃から大は大口径砲まで、ほとんど大正、昭和初期のままであり、自動小銃など贅沢（ぜいたく）ということになる。

そのため、日本陸軍はつねに兵士の技術を向上させて、旧式の兵器の性能を補おうとしていた。

これが理由の㈢に当たる。

少々話が横道にそれるが、日本陸軍はこの種の論法を多用した。

兵士の射撃の水準をあげれば、自動小銃など不要という意見が強く出されると、だれも反論できないのである。

たとえば、極東のソ連軍が数百台の戦車を保有しているとの情報が伝えられたとする。

この対抗策として、それではこちらも戦車や対戦車砲をそろえよう、という議論にはならない。

歩兵の対戦車肉迫攻撃の訓練を強化すれば、容易にソ連戦車を撃破できるという論法になってしまうのである。

そして、「いくらソ連軍の戦車の数が多くとも、我が軍の歩兵の数には及ぶまい」

といった暴論が、対抗策の会議を支配するのであった。

このようにして第二次大戦時の日本における自動小銃の開発、配備は充分行なわれないまま終わってしまったのである。

たとえ自動小銃が行きわたっていたとしても、戦争の行方を左右したとは思えないが、それでもニューギニアの密林地帯、マニラの市街戦などにおいては、かなり戦局に寄与したものと考えられる。

15

無線通信をめぐる三つのエピソード

一、無線電話の活用

第二次大戦の直前から無線電話の性能が飛躍的に進歩し、実用化が可能となった。

それまではキイを叩き、火花を発生させるトン・ツー式の無線電信のみが使われていたのである。

だが、日本の陸海軍は、太平洋戦争中、最後まで小型軽量で信頼性の高い無線電話器を量産することができず、とくに航空機での運用といった面で米軍に大きく遅れをとる。

しかし、二〇世紀初頭の無線電信の実用化から、日本（とくに海軍）はこの新技術の獲得と使用に力を注いでいた。

一八九九年、イタリアのG・マルコニーが初めて本格的な通信に成功、その後一九〇二年には英仏海峡を越えて短い電文を送り、世界を驚かせた。

ラジオはもちろんテレビなどまったくない時代であったにもかかわらず、日本海軍はこの事実をただちに把握し、技術の導入をはかった。

それは、一九〇五年五月の日露戦争における「日本海大海戦」の勝利へと直結する。

五月二七日未明、哨戒艦信濃丸が四〇隻からなる大ロシア艦隊を朝鮮半島沖合で発見、無線電信による第一報を送ったのである。

これにより日本の連合艦隊は、敵の現在位置、隊形、進行方向などをいち早く知り、完全な攻撃体勢を整えることができた。

それから二日間、海戦は歴史上まれに見る大勝となって終わった。

繰り返すが、マルコニーにより無線電信の実用化が確認されたのは一九〇二年である。

明治三五年頃の日本海軍は、その導入を決定し、購入契約を結び、器材を我が国まで運び、軍艦に取り付け、調整し、要員を訓練する、といった事柄を世界の海軍に先駆けて、わずか三年のうちに成し遂げたのである。しかも国産化にも成功している。この先進性、実行力、そして常に新しいものを取り入れようとする努力は、当時の日本人のバイタリティそのものであった。

そしてそれは、国の命運がその一瞬にかかっていたとき、見事に花を咲かせたのである。

さて、それから三十数年後の日本海軍はどう変わったのか。

情報の流通、収集は明治よりずっと容易になっていたはずであるのに、

一、レーダー技術に関し、まったく無知であり、また関心も持たなかった

二、無線電話がようやく実用化されていたが、これに対しても明らかに研究不足であった

と断言できる。

明治の軍人（だけとは限らないが）がもっていた新技術への関心、研究心は、昭和の軍人の場合には薄れていたようである。

兵器としての通信器に限らずトン・ツー式の電信器と、話し言葉で会話ができる無

線電話との能力の差は無限に大きい。

電信の方は使用技術の収得に長い訓練が必要で、短い時間に伝達する情報量も少ない。

一方、電話となれば特別の訓練もいらず、誰でもすぐに通話できる。

このふたつの事柄は、戦闘のテンポが早い航空戦には必須といえよう。例えば、

「危ない！　○○号機、敵機に追尾されている。左へ急旋回して離脱せよ」

といった通信を送りたいとき、電信では役に立たない。

これは、多数の戦車を投入した機甲戦闘、高速艇の集団攻撃の場合などでも同様である。

つまり、近代的な兵器を駆使した戦闘において、無線電話は欠かせないものなのである。しかし、日本の陸海軍は、日本海海戦の教訓を早々と忘れ去っていた。

これに対してアメリカ国民の〝無線器〟に対する関心は高かった。

まず、軍隊より技術導入が大きく遅れているはずの民間から見ていこう。

一九三〇年（昭和五年）には早くも一般向けの無線電話システムが市販された。もちろん官公庁も同様であり、

連邦警察FBIは一九二八年に導入
地方警察（州警察）は一九三一年から導入
している。

とくに驚くべきは、国内の高速道路（正確には州都を結ぶステーツ・フリーウェイ）の発展に伴ない、警察の車両への無線の取り付けである。

カリフォルニア州を見ると、
パトロールカーに一九三八年
パトロールオートバイに一九四一年
から、送話システムを設置した。

一九四二年（昭和一七年）からは、ハイウェイを走る白バイのすべてに無線器を取りつけ、交通違反、そして犯罪の取り締まりに当たっていた。

これと比較して日本の戦闘機が、無線電話を本格的に使いはじめたのは、昭和一九年に入ってからである。

闘っている相手は、自動車はもちろんオートバイにまで電話を使っている。

日本は戦闘機、戦車の無線に故障が多く、思う存分に使用できない。

そのため多くのパイロットたちは役に立たない無線器を取りはずして出撃していた

が、この差は無限に大きいのである。

日本の軍人たちはいつから〝科学の進歩〟に関心を示さなくなってしまったのだろうか。

日露戦争のさいには、確かに日本はロシア以上に軍事技術を学ぼうとしていた。また常に新しい戦術を考え、謙虚に勉強をつづけていた。

それに引き換え昭和の高級軍人たちは、日露戦争の勝利の恩恵だけを満喫していたようである。

二、無線電話の新技術

A 短距離専用無線電話の開発

いったん日米戦争となれば、両方とも海軍が主役をつとめ、海戦の勝利が最後の勝利に結びつく。
海戦の勝利のためのひとつの要因が、軍艦同士の連絡であった。
大海戦となれば、互いに数十隻の艦艇が高速で走り回るから、通信連絡は大きな問題となり、このための通信手段としては、
旗旒（旗による信号、旗信号を含む）、音響、光の点滅信号

が主となる。無線電信、電話の方がよいのははっきりしているが、迂闊に電波を出せば敵に傍受される危険は小さくない。

電文の内容は解読されなくとも、電波を発信しただけで位置を突き止められてしまう。

そうなれば、敵は航空機や潜水艦を差し向けてくるのは間違いなく、艦隊同士の決戦の前に損害をこうむる可能性も出てくる。

しかしその一方で、無線が使えないのはなんとも不便で、作戦そのものに支障が生ずる場合もある。

この矛盾を、日米両海軍はどのように解決したのだろうか。

○日本海軍

徹底的に無線封鎖を実行した。通信の方法は、旗旒、信号灯に頼った。

しかし、旗信号は夜間には使えず、また天候が悪化した場合には信号灯信号は役に立たない。

○アメリカ、イギリス海軍

特殊な近距離用無線システムＴＢＳを開発した。これは到達距離二〇ないし三〇キロという短距離通信専用の機器で、それ以上離れると敵は探知できない。

一九四三年（昭和一八年）夏から実用化され、太平洋、大西洋で大いに使われた。日本海軍の原始的な連絡方法とＴＢＳでは、その差は測り知れぬほどに大きい。

Ｂ　咽喉マイクの開発

航空機、戦車、装甲車の内部の騒音はかなり大きい。とくに戦闘となってエンジンの回転があがれば、話し声も聞こえないほどに高まる。たとえ高性能の無線器、送話器であったとしても、肉声とともに騒音も拾ってしまうから正しく伝わらないことになる。

現在の無線器は技術的に進歩し、伝えたい音のみをピックアップして送信するから、この問題は解決されている。

しかし、第二次大戦時にはこのことは大きな問題となった。

陸軍の中心に機甲戦力を据え、戦車による〝電撃戦〟を得意とするドイツ陸軍にとって、これを無視して通りすぎることはできない。

戦車を効率よく運用しようとすれば、無線器はどうしても必要なのである。そして、その無線器が優秀であればあるほど、騒音に悩まされた。

戦車兵からの改善要求を受けた技術員は、解決の手段として咽喉マイクを採用した。

このマイクロフォンは、その名のとおり喉から直接音を拾うものである。言い換えれば、人間の声をそのまま伝えるのではなく、声を出すときの喉の震動を音声に変える。口ではなく喉に密着させたマイクは、エンジンの騒音を締め出し、命令を確実に伝えることが可能となった。

第二次大戦初期の対フランス戦、対ソ連戦のさい、ドイツ軍の戦車の数は常に敵軍より少なかった。フランス戦では約半分、ソ連戦では三分の一以下である。また戦車自体の性能もかならずしも敵を大きく凌駕していたわけではない。

それにもかかわらず、あれだけの勝利をおさめた背景には、戦術の優越性、乗員の訓練度、そしてこのような細かい技術の実用化が存在したのであった。

三、平文使用の是非

戦闘の勝利の要因のひとつに、敵の暗号の解読があった。

日本軍の暗号は、それももっとも重要なものさえ、アメリカに解読されていた事実は広く知られている。

暗号は、その重要度によっていくつかのクラスに分かれている。そのうちもっとも簡単なものは、偵察機から発信される無線に関わる暗号であった。

たとえば、海上において敵艦隊を発見した航空機が送る、

「敵艦隊発見。位置〇〇〇、〇〇〇、兵力〇〇」

といった暗号は、狭い機内で、限られた機器（あるいは暗号表）を使い、迅速に発信しなければならないから、どうしても簡単に組めるものでなくてはならない。

これにはどれだけの時間がかかったのだろうか。

実例を挙げて考えてみよう。

太平洋戦争の戦局の逆転となった昭和一七年六月のミッドウェー海戦のさいの電文である。

アメリカ艦隊を探していた日本海軍の偵察機が、

「敵水上艦らしきもの一〇隻見ゆ。ミッドウェーよりの方位一〇度、距離二四〇マイル、針路一五〇度、速力二〇ノット」

と、きわめて重要な情報を伝えてきた。この電文の〝水上艦〟に空母が含まれるかどうかの判断が歴史を変えることになるのだが、それについてはここでは触れずにおく。

問題はこの電文が暗号に組まれ、送信され、それが機動部隊に届き、解読されるまでの時間である。

簡易暗号の組み方、解読についての資料など皆無に等しく、必要な時間はなんともはっきりしない。

しかし電文は、水上艦、隻数二ケタの数字、ミッドウェー（この場合はＭＯの二文字）、方位三ケタの数字、距離三ケタの数字、針路三ケタの数字、速力二ケタの数字を含んでいるから、少なくとも二〇字以上の文字を暗号化しなければならないことがわかる。

揺れる機内で暗号表（キイコード・ブック）を開き、これを組むのに七～八分といったところであろうか。

一方、受信した側は同じ暗号表を見て文章を作るのに五～六分を要したはずである。

この種の簡単な情報の伝達（暗号についてのみ）だけでも、一五分はかかってしまう。一刻を争う機動部隊同士の死闘において、この時間のロスは勝敗を決するとはいわぬまでも、大きく影響するのであった。

日本の陸海軍はどのような場合でも、平文（普通の文章）を使うことを厳しく制限していた。本当に緊急のときでも、かならず暗号を組ませたのである。

この点、アメリカ軍はきわめて柔軟で、とくに支援を要請するときや、救助を求める場合は平文を使用するのにやぶさかではなかった。

日本軍が、英文の通信を傍受し、それを日本文に直し、上官に伝え、処置を決定し、命令を出し、実際に対応策がとられるまでかなりの時間がかかることをよく知っていたのである。

これは日本軍に限らず、どこの国の軍隊でも同様で、現地の指揮官の一存では組織は動かせないことにもよっている。

アメリカ軍は、暗号を解読される危険より、情報の早期伝達の重要性を考えていた。

考えてみても、互いに同じだけ平文を使うと仮定したとき、軍隊の中で、

英語を理解できる日本人

日本語を理解できるアメリカ人

の数を比較した場合、圧倒的に日本側に多く、そのため有利であるはずであった。

このことにアメリカ側が気づき、軍隊内に日本語学校を設立するのは、開戦後しばらく後のことである。

平文の使用を厳禁した日本軍と柔軟に対処するアメリカ軍と、どちらがプラスだったのだろうか。どう見てもアメリカに利と理があったようである。

16

アメリカの自由

本書の趣旨とは明らかに一線を画するが、太平洋戦争中の〝アメリカの自由〟について一言述べておきたい。

これは、これから記す事柄が現実に戦争を戦っている国家にとってマイナスなのか、それともプラスに働くのか、読者に考えていただきたいからである。

また当時の日本（あるいはドイツ）とあまりに異なった状況に、これをどう判断したらよいのか、著者自身も迷っている。

一、戦争中のストライキ

日本ではこれまでほとんど知られていないが、戦争中のアメリカ、イギリスでは基幹産業のストライキがたびたび発生している。

アメリカでは一九四二年（昭和一七年）、四四年（同一九年）に鉄鋼労働者が労働時間の短縮を要求して大がかりなストを実施した。

また、イギリスでも一九四一年（同一六年）、四三年に主として炭鉱において同じような事態が起こった。

これ以外にも造船スト（一九四四年）、消防士のスト（同）も発生している。

アメリカ、イギリスのストライキはいずれも前述のとおり基幹産業で、それも戦争の最中である。また戦争が激化しているからこそ、国、政府、そして使用者側は大増産の号令をかけているはずである。

増産の最初の手段は機械の稼働時間の延長であるから、労働時間は当然長くなる。

これに対しては残業手当を増やせばよいわけだが、一部の労働者はそれでも納得しなかった。

「現在は非常時である」との説得もまったく功を奏せず、ストは最大三週間もつづいたのであった。

アメリカの鉄鋼スト、イギリスの炭鉱ストとも国力に直結している。

まさに「鉄は国家なり」であり、またイギリスのエネルギーは全面的に石炭火力に依存しているのである。

それを知りながら、戦争中のストライキとは……。

当時、不眠不休、勤労奉仕で働きづめに働き、満足な食物を口にできないにもかかわらず一言も文句を言わなかった、あるいは言えない状況に置かれていた我が国民との差は、あまりに大きい。

また、このストライキに対する報道機関の論調も大変に興味深い。戦争中に基幹産業の労働者が大規模なストをすることに対し、支持、不支持がはっきりしているのである。

支持する側の報道機関（主として新聞）は、〝労働者の権利を断固擁護〟、戦争中であろうとなかろうと、権利は権利であると主張する。

一方、ラジオを中心とする報道機関は――政府、要人が直接市民に話しかけられることもあって――労働者とストを徹底的に攻撃している。

〝まさに非常時の今、ストライキは国の息の音を止める〟と演説するのである。

これに対して一九四三年、イギリスの新聞に載った炭鉱労働者の投書が面白い。

少し長くなるが、内容を紹介しよう。

「今が戦争中であることは言われなくともわかっている。しかし、我々労働者の権利は産業革命（一八〇〇年前後）以来一〇〇年の歳月を費やして獲得したものである。

ドイツとの戦争は今後永くつづいたとしても一〇年以内（実質的には二年）に終わる。そのために一〇〇年分の権利を放棄するわけにはいかない」

このような正当論（？）で押してこられては、政府としては対応に苦慮するばかりであった。

そしてストは完全に労働者の勝利に終わる。

二、パットン将軍の殴打事件

戦時におけるアメリカの報道に関する象徴的な事柄が、次に掲げるパットン将軍の兵士殴打事件である。

この種の報道が可能な国家は、まさにアメリカのみであり、それだけに当時にあっては〝自由の国アメリカ〟を強く印象づけている。

事件の内容に触れる前に、その中心人物であるジョージ・パットン（一八八五～一九四五年）を紹介しておかなければならない。

彼は第一次世界大戦でアメリカ軍戦車隊を指揮し、全米に名を知られていた。

一九四二年の秋、北アフリカ進攻では第二軍団を、その後のシチリア島攻略戦では第七軍を率い、大いに活躍した。事務的な能力も優れてはいたが、その反面、気位が高く傲慢でもあった。

事件は、アメリカ軍が占領したあとの北アフリカの一野戦病院で発生した。

入院中の兵士たちを見舞ったパットンは、その中に戦闘の恐怖による心身症の一人を見つけた。

常に勇猛果敢に戦ってきた将軍にとって、このような病気になった兵士を許すことができなかったらしい。パットンは心身症の兵士を「臆病者」となじり、その顔面を殴打した。

同行の新聞記者がこれを目撃し、全米の新聞に記事が載ることになる。

将軍ともあろう者(当時中将)が、病身の兵士を多くの人が見ている前で殴るとは！

この記事を読んだアメリカ国民は激昂し、欧州派遣軍総司令官ドワイト・アイゼンハワー大将(のち元帥)は、世論の圧力に負け、パットンの降格を決定した。

これは、のちにパットンの伝記映画の中でも登場している有名な出来事である。

これは〝開かれたアメリカ軍〟の実態を明確にするものでもあった。

戦時にもかかわらず、
(一)、新聞記者と新聞社は、自国の高位の軍人のスキャンダルを記事にでき
(二)、それを読んだ国民が、大きな勝利を得たばかりの中将を非難し

㈢、最高司令官が、本人を降格させる

まさに、まさに日本、ドイツ、ソビエトなどでは思いもよらぬことであった。

また、イギリスでは可能であったかどうか分からないが、これほどの情報を公開できたとはとても思えない。

現在の視点に立てば、殴打事件は当然問題になろうが、一九四〇年代の、それも戦争中の出来事である。

もうひとつ、このパットン将軍殴打事件には見逃せない要素が存在する。

それは兵士の中の「戦場恐怖症」患者の問題で、これを病気として国が認めるかどうかの判断に大差があった。

アメリカ軍以外の軍隊が、当時においてこの「戦場恐怖症／心身症？」という病名を認知していたのかどうか、なんともはっきりしない。

多分、アメリカ以外ではそのような病名を認めず、また兵士自身も自分が「戦場恐怖症」であるとは絶対に申し出なかったと思われる。

たとえ申し出たところで、「臆病者」のレッテルを貼られるだけの話である。ところがアメリカ軍は、これも負傷者、病人と認め、入院治療していた。

現在の一般論としては当たり前のように思えるが、すべての兵士がこれを理由に入院を申し出たら、軍隊は存在できなくなる。
また外傷や普通の病気と違って、精神的な病気に関してはその見極めが難しい。
この問題をアメリカ軍はどのように解決していたのか、興味深いところではある。

第三部

1

日本軍の優れていた部分

これまでは厳しく日本軍の短所を抉り、また欠点を探り出してきた。

たしかに日本軍（主として陸軍）には、兵士の生命を消耗品と考えていた部分があり、それが兵器の質の向上さえ妨げていたとも言える。しかし、見方を変えれば二〇世紀の中頃にあって、日本軍のみが欧米の近代的な軍隊に対抗可能な唯ひとつの〝有色人種の軍隊〟であったという事実に目をつぶることもこれまたできない。

アフリカ、中東はもちろん、アジアにおいても、すべて有色人種の軍隊はイギリス、フランス、ドイツ、オランダ、イタリアに敗れ、その国の植民地化はまぬがれなかったのである。

そしてまた、我が国はつい最近まで航空機、艦船、自動車両、鉄道車両を、エンジン設計の段階から製造まで可能な唯一の有色人種の国家でもあった。

当時において最強の戦力であり、またそれを有することが〝列強〟の証拠でもあった戦艦を例にとれば、この最大の兵器を保有できた有色人種の国家は日本だけである。また自国で建造できた国も我が国のみであった。もちろん戦闘機に関しても同じである。

自国で戦艦を建造し、戦闘機を製造することにどれだけの価値があるのか、というのは現代の見地に立った不毛の意見である。

第二次世界大戦まで、世界は弱肉強食の時代であった事実を忘れてはならない。アジアにおいてなんとか独立を保っていたのは、わずかにタイと日本の二ヵ国のみであった。当時にあって、気を緩めれば欧米の植民地化の魔手はすぐ近くまで伸びてきたのである。

アジアにあっては唯一列強の仲間入りをしていた日本の軍隊であるから、欧米のそれを凌ぐ兵器、またはより優れた制度などが存在したはずである。

この章ではこれまでとは反対に、それらを探し出してみたい。

戦争だけではなく、このような歴史的事実の分析の場合にはイデオロギーを優先させるのではなく、是々否々な姿勢が大切だと思えるからである。

一、日本海軍の場合

○空母の集団投入

戦術的に見てイギリス、アメリカの海軍を凌駕していたのは、空母の集団投入の価値をいち早く見抜いていた点ではなかろうか。

航空母艦（水上機母艦を含む）の価値は、第一次世界大戦ですでに立証されてはいたが、これを集団的に利用すればより大きな戦果を挙げ得ると確信していたのは、日本海軍だけであった。

それまで集中的に空母が投入された実戦例としては、一九四〇年一一月一一日、イギリス海軍が、イタリア・タラント軍港を襲った〝ジャジメント〟作戦だけである。

そして英海軍は、イタリア海軍の戦艦三隻を行動不能にしていながら、その価値をしっかりと認識しなかった。

しかし、日本海軍の一部士官たちは、複数で使用される航空母艦の威力をはっきりと認め、それを基本とする戦術を確立した。

その最初の成果が真珠湾におけるアメリカ戦艦群の撃滅であった。

○潜水艦と航空機の組み合わせ

大型潜水艦に航空機を搭載し、それを活用したのは日本海軍のみであった。

日本海軍は甲型、乙型などの大型潜水艦（いずれも排水量二〇〇〇トン以上）群に一、二機の水上偵察機を載せていた。

スペースからいって偵察機をそのまま積み込むわけにはいかず、折りたたんで収納する。

組立、準備には三〇分ほどかかり、この間潜水艦は浮上していなければならなかった。

発艦はカタパルトを使用、収容は着水したあとクレーンで甲板に運び、分解して艦橋前部の格納庫に入れる。

使用された航空機は零式小型水上偵察機（翼幅一一メートル、二人乗り、三〇〇馬力）であり、偵察のほか、三〇キロ爆弾二発を搭載することができた。

特殊攻撃機「晴嵐」3機を搭載、パナマ運河を奇襲すべく建造された伊400——甲板上の長大な構造物が飛行機格納筒

この偵察機はアメリカ本土の森林地帯を二度にわたって爆撃している。

また航空機搭載潜水艦はのちに増強され、三機の特殊攻撃機を運用可能な超大型艦（伊四〇〇型、別稿参照）に発展した。

潜水艦と航空機を組み合わせて使用したのは、前述のとおり日本海軍だけであるが、その評価はなんとも難しい。その戦術的、技術的な面を覚めるべきか、それともたいした効果を期待できない自己満足的な戦法として低く位置づけるべきか、判断に迷うのである。

潜水艦戦術の王道はやはり中型艦の大量建造であり、その面から見るかぎり日本海軍のこの方針は失敗であったと評価すべきかも知れない。

現在にいたって、排水量三万トンという超巨大な潜水艦（ソビエトのタイフーン級）も出現しているが、航空機は搭載されておらず、今後もこの組み合わせは出現することはないと思われる。

○魚雷の性能の優越性

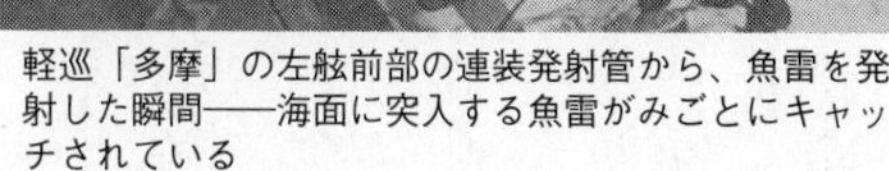

軽巡「多摩」の左舷前部の連装発射管から、魚雷を発射した瞬間——海面に突入する魚雷がみごとにキャッチされている

第二次大戦において、日本軍（陸・海を含む）が連合軍を唯一圧倒していた兵器が、魚雷である。

航空機、水上艦、潜水艦から発射され、水中を四〇ノット（七二キロ／時）の高速で突っ走る魚雷は、大型艦に対する最上の攻撃手段であった。

他国の魚雷のほとんどは直径二一インチ（五三センチ）にすぎなかったが、日本海軍は二四インチ（六一センチ）という大型のものを開発していた。

また推進剤として酸素を用いていたが、日本以外の海軍は電気（電池）、化学燃料（軽油など）を使っている。

魚雷の性能を列強海軍と比較すると、次のようになる。

	速力	射程	炸薬量
日本	八三キロ／時	二二キロメートル	五〇〇キログラム
アメリカ	五九キロ／時	一〇キロメートル	三〇〇キログラム
イギリス	五六キロ／時	一二キロメートル	三二〇キログラム

この数字から見るかぎり、大戦初期から中期にかけて日本海軍の魚雷の性能は間違いなく世界最高であった。

しかし中期以降、アメリカ、イギリス、ドイツの魚雷の水準は向上し、とくに誘導システムによって日本を大きく引き離す。

日本の魚雷が〝射ち放し〟に終始したのに対し、欧米のそれは有線誘導、音響追尾といった高度な装置が取りつけられていた。これでは命中率に大差が生ずるのは当然である。

○兵士の士官昇進制度（陸海とも）

一般の兵士の中から成績優秀な者を士官に昇進させる制度は、他国の軍隊には少なかった。

これがどれほど兵士の士気を高め、自己の任務に精励させたか計り知れないほどである。すでに述べたとおり、兵、下士官と士官／将校との間には、奴隷、庶民と貴族ほどの差があった。数は少ないといっても、努力すれば士官に昇進できる道が開かれていた事実は、特記すべきである。

また、下士官でもパイロットとして採用されるという制度も、プラスに働いている。ドイツ、日本を例外として他国の軍隊ではパイロットは原則として士官である。日本では軍隊の在籍期間が永く、有能な下士官がパイロットとして活躍した。また彼らが士官と兵とのパイプ役をつとめ、戦力の増強に寄与したのである。

現在ではどこの国の軍隊でも、ごく一部の例外を除いて、パイロットはみな士官あるいは将校となっている。

二、日本陸軍の場合

陸軍という組織は、海軍、空軍と異なって人的要素が大きい。したがって新戦術、新兵器といったものが存在しにくいのである。

また日本陸軍はとくに保守的で、欧米の軍隊を凌駕するような戦術も、独創的な兵器も持ち得なかった。
それでも強いて挙げれば、次の三つの兵器が存在した。

○上陸用舟艇母船（MT船）

船内に小型舟艇を搭載し、それを船尾から直接海面に発進させる構造を持つ特殊船をMT船と呼んだ。これは現在アメリカ、イギリス、ロシア海軍が多数保有する『ドック型揚陸艦』の前身ともいえる船舶である。
陸軍は上陸作戦用にこれを一〇隻建造したが、なかには、あきつ丸、熊野丸（いずれも約九〇〇〇トン）のように、飛行甲板を備えたものさえあった。これは、まさにアメリカ海軍の大型揚陸艦と同じ思想による設計といえる。
とくに〝神州丸〟（八〇〇〇トン、別名龍城）は、大戦勃発以前に完成していた。
これらのMT船（このアルファベットの呼称の意味は不明）は、いずれも二〇ノット（三六キロ／時）と当時としてはきわめて高速であり、大いに活躍している。
アメリカ海軍はアシュランド級
イギリス海軍はイーストウェイ級
といった優れたドック型揚陸艦をそれぞれ多数建造してはいるが、それは一九四二年以降のことである。

制空、制海権を握っていればMT船の輸送効率は、一般の貨物船の二、三倍にもなったはずであり、このアイディアは高く評価されなくてはならない。

○プロペラ推進艇

陸軍に関しては、これ以外にはいわゆる新兵器の類がほとんどなく、この検索には頭を絞った。その中で浮かんだのがプロペラ推進の舟艇である。日中戦争において中国軍（国民政府軍）は、大小の河川に構造の簡単な機雷を仕掛け、日本軍を悩ました。南船北馬のことわざどおり、中国南部の交通機関は船に頼ることが多い。中国軍の機雷戦術は功を奏し、日本軍の河川輸送部隊は少なからぬ損害を出す。

しかも水深が浅いため本格的な掃海艇は使えず、熊野川、吉野川で活躍したプロペラ船の出動となった。プロペラ船（エアボート）は水中にスクリューなどの突起物がなく、水深五〇センチの浅瀬も航行可能である。

このプロペラ推進掃海艇は、延べ五〇艘あまり（新造船を含む）が大陸に送られ、水路の確保に使われた。

陸軍のプロペラ船の運用状況を眼のあたりにし、海軍ものちに三〇隻を購入する。

陸軍特殊船「神州丸」――MT船と呼ばれ、船内に小型舟艇20隻、前部にカタパルト2基、九一戦と九七軽爆20機を搭載

これらのプロペラ船は全長一二〜一四メートル、一〇〇馬力の自動車用エンジンに直径二・二メートルの木製プロペラを直結し、約一〇ノット（一八キロ／時）の速力を発揮した。

第二次大戦においてプロペラ船を実用化したのは、日本の陸海軍のみである。

ただしソ連軍は一九四一〜四四年の冬に、ラドガ湖周辺において数百台のプロペラ橇（そり）を使用している。凍結した広大な湖面を航空機用エンジンを使って一〇〇キロ／時で走り、ドイツ軍のトラック部隊を襲撃するのである。

これによりドイツ・コンボイは少なからぬ損害を出している。人間が乗って走行するプロペラ推進の兵器は、この二種だけだったのではあるまいか。

○無砲身火砲

固定目標の破壊を目的とし、中程度（数キロメートル）の射程で、簡単な装置により比較的大きな砲弾を飛ばす、という特殊な大砲が、〝ム砲〟と呼ばれた兵器である。

大砲には射角四五度以上で発射するタイプがあり、大型のものは臼砲、小型のものは迫撃砲と呼ばれている。厳密には、口径（直径）が砲身長より大きいものを臼砲とするが、これは過去の兵器であって現在では完全に姿を消している。

ム砲はこの臼砲の一種で、日本陸軍が開発したオリジナルの兵器である。

墓石の形の発射台に筒型の砲弾を載せて発射するが、この砲弾の約半分が砲身を兼ねている。したがって発射されると、弾頭と砲身が一体となって飛翔する。

前述のごとく簡単な発射器から大きな砲弾を射ち出すことができ、製造コストも安価であった。しかし、車輪の付いていない発射器の輸送が面倒で、また発射角度が限定されてしまい、そのうえ特殊な砲弾を製造しなくてはならない、といった理由から、ごく一部で使われたにとどまった。

これならほぼ同じ目的に使われるロケット弾（日本軍は噴進砲弾と呼んだ）の方が、はるかに使いやすい。

それでも日本陸軍が独自に開発し、実戦に投入した唯一の兵器として記載しておく。

結局、日本軍が他国の軍隊より優れていた戦術、制度、兵器について、ここに記した以上のものは見つけられなかった。

勇名を轟かせた海軍の零式戦闘機にしても、アメリカ陸軍のカーチスP40、海軍のグラマンF4F、イギリス空軍のスーパーマリン・スピットファイアなどと比較した場合、特別優れていたとは言い難い。運動性、長距離飛行能力は誇るべき要素ではあるが、防弾、生産性は明らかに劣っていたからである。

ほかに強いて挙げるとすれば、海軍の光学測定/照準装置、潜水艦を見つけるための磁気探知システム（MAD）程度ではあるまいか。

それさえもレーダー、ソナーの進歩により、一蹴されてしまったのである。

なお、このうちのMADは日本が独自に開発したものであったが、ほぼ同時期にイギリス技術陣も同じものを完成させていた。

戦力の差は、やはり総合科学力の差に直結していると見るべきなのである。

あとがき

太平洋戦争終結五〇年という節目に当たって、以前から一度まとめてみたかった〝日本軍の小失敗の研究〟を、ようやくにして上梓することができた。

〝小失敗〟の意味は、いうまでもなく人口二倍、戦力二倍、生産力二〇倍というアメリカと戦った大日本帝国の〝大失敗〟以外の事柄を取り上げたからこのようになった。「日本陸軍の無謀」の項で述べたように、昭和一〇年代の我が国は中国、フランス、ベトナム、ソ連と戦いながら、その結着がつかないまま、対米戦を発動したのである。

この愚挙によって、敗北への道が決定的になったといえる。

現在から振り返れば、戦う以前から日本の敗北はわかり切っていた。しかし、渦中にある人々とは、眼前の出来事のみに目を奪われ、大局的に判断するのは難しいものらしい。

それにつけても、日本陸軍の高級将校の頑迷さ、保守性、そしてあらゆる面における先見性のなさには呆れるばかりである。

第二次世界大戦を闘った列強の軍隊の中で、日頃から長く重い軍刀をぶら下げていたのは、日本陸軍（一部に海軍も）の軍人だけである。

あの軍刀こそ、日本軍の旧守性のシンボルとも言うべきものであった。

本人たちは「軍刀こそ軍人の魂」と思っていたに違いないが、とうてい近代的で精強な軍隊ではない証拠とも思える。

第一、鍛造によって作られている日本刀を持って飛行機に乗り込めば、マグネチック・コンパスが、その磁気のため大きく狂う可能性が高い。

アメリカ、イギリス、ドイツの航空部隊は、コクピットへの金属類持ち込みに厳しい制限を課しており、パイロットの待機室に消磁装置さえ備えていた。

このひとことを見ても、日本軍人の科学的センスがわかろうというものである。

皮相的な見方をすれば、あの軍刀は国民への恫喝という役割も果たしていた、と言えなくもない。

加えて筆舌に尽くせぬほどの残酷な私的制裁など、いかに軍隊が上下の関係において絶対服従を強いる組織であろうと、あまりに過酷であった。
どこの軍隊でも、新兵に対する制裁は行なわれ、
アメリカ軍　私的事故
ドイツ軍　夜歩く幽霊
ロシア軍　乞食狩り
といったいじめに関する〝隠語〟も残っている。
しかし、旧日本陸海軍の、毎日繰り返される肉体的暴力ほどひどくなかったようである。

さて、話題を変えよう。

兵器、戦術に限らず、物事を進歩させるための要因は、日常の生活をもう一度見直すことにあるようだ。

たとえば、「潜水艦をめぐる問題」の項で述べたように、前方の潜水艦を攻撃する手段を持たない駆逐艦、第一次大戦以来の沈下速度の小さい爆雷など、冷静に見渡せば、変更あるいは改良すべき事柄はいつの時代にも見られる。

これに気がつき変えていけば、生活は少しずつ向上していく。とくに軍隊にあって

はわずかな工夫で戦力は増強されるのである。

それでは、と読者は著者に尋ねるであろう。

身近なところで具体的な例を挙げよと……。

さっそく自分たちの周囲を見まわしてみよう。

そしてここでは互いに関係のない分野ではあるが、変えるべき方式、制度のいくつかを取り上げる。

○プロパンガスのボンベの交換

重いものでは一本が二〇〇キロもあるプロパンガスのボンベについて、なぜガスがなくなるたびに危険な交換作業をつづけているのか。

恒久的な保管システムを設ければ、重いボンベを交換する必要はなくなり、タンク車から直接補充すればよい。

ボンベ交換のさいの怪我人は一ヵ月二人の割合（一九九二年。労働災害調査）で出ているが、これなど容易になくすことができよう。

○アメリカのドル紙幣

色々な面で社会の効率化が進んでいるアメリカにおいても、矛盾は多々存在する。

ご存知のように世界でもっとも広く通用しているドル紙幣の、金額ごとの判り難さはまさに最悪である。金額にかかわらず、紙幣の大きさ、色、紙質が皆同じなのである。

そのため、急いでいるときに一ドル紙幣のかわりに五、一〇ドル札をチップとして置いてしまうといったことが後を絶たない。

いずれの場合も、現状を維持するに足るいくつかの理由はあろうが、このままでよいとは誰ひとり思っていないのである。

変更するために莫大な時間、費用を要するにしても、生活の安定、向上のためには少しずつ変えていくべきであろう。

この種の事象は無数に存在し、ときによってはその変更、改良が個人、企業の成功に結びつく。

事実、戦後の日本は主として工業の分野できめ細かくこのことを実践し、世界中に優れた製品を売って成長してきたのである。

いかに世の中が豊かになっても、地下資源に恵まれない我が国は、この努力をつづけていく必要があるようだ。

もうひとつ重要な日本人の特質とも言うべき、「人前で意見を述べない」という習性について触れておこう。

島国であり、ほとんど単一の民族からなっている我が国においては、物事を真正面から議論することを避けてきた。諺ひとつを見ても、

「沈黙は金」に代表されるように、

一、議論をなるべく排し

二、進言、忠告、上申の類を嫌う

というような風潮が蔓延してきたのであった。

本当に言わなくてはならないことでも、沈黙を守る。これがごく当たり前であり、欧米各国のように小学生から、

「自分の意見を持ち、それを大勢の前で披露し、できれば他の人々を説得する」

といった教育はまったく行なわれてこなかった。

戦前の日本ではこれが著しく、一般の人々はもちろんのこと、軍人さえも人前で意見を述べることはなかったのである。

したがってこのような風潮の中では、ごく少数の声高に自分の意見を押し通す者だけが、正しいとされる。

本書で取り上げた幾つかの悲劇のはじまる前に、一人でも「それはおかしい」と声を挙げる者さえいれば、事態は好転したかも知れない。

現在のように諸外国との交渉が頻繁となれば、「沈黙は金」などという諺は嘲笑の的になるだけである。

また、日本人同士の阿吽（あうん）の呼吸など、まったく百害あって一利なしと言えるものである。

外交交渉、契約の締結をはじめとして、あらゆる場面で自分の主張を述べることなしに、平和も安定も得られない。

プレゼンテーション Presentation（名詞）発言、自己表現、陳述、提出、発表

ディベート Debate（名詞、動詞）討論、討議、論争、討論会、討論する、意見をぶつけあう

といった事柄は、これからの日本にとって間違いなく何よりも大切なものとなる。

最後になったが昭和一七年（一九四二年）生まれの著者には軍隊経験はなく、多くの書物、史、資料に頼って本書を執筆した。

そのため「爆雷の形」の水槽実験以外は参考書、資料も含んだ広い意味での伝聞に頼らざるを得なかった。

しかし、軍事に関して深い知識を有する二、三の友人たちのご協力を得て、それぞ

れの項目を確認し、また多くの議論を重ねて、本書を書き上げることができた。個々にお名前を掲げてはいないが、感謝の意を表する。

ところで、本書で取り上げた各項目の記述について、著者の勘違い、調査ミス、事実誤認などにもとづく誤りがあった場合、ぜひそのむねを――できれば文書、メモで――お知らせいただきたい。

こと軍事に関しては普通以上に正確をきさなければならないと著者は考えており、明らかな間違いとわかれば機会を見てかならず訂正するつもりである。

三野　正洋

文庫版のあとがき

一九九五年秋の刊行から版を重ねたこの『日本軍の小失敗の研究』が、ついに文庫化されることになった。

著者としては、形を変えて新しい読者の手にわたることを素直に喜びたい。

もともと戦史に興味を持つ方々に向けて執筆した本書だが、この丸四年の間にジャーナリスト、教師、そして財界人に至るまで年齢、職業の別なく実に多くの人々に読まれている。

さらに週刊、月刊誌、新聞などの読書欄の紹介記事も軽く一〇指に余ったのである。

この理由は世紀の終わりが近づき、我々日本人の半世紀前の大戦争を再検証したい、という意識の表われによるところが大きい。

しかもこれまでのごとくそれをたんに反省するばかりではなく、良い部分も悪い部分も冷静に見つめ、それを自分の生き方、あるいは組織のあり方に活かそうとしている。

この状況は読者から著者あてに送られてきた多数の手紙によって明らかと言える。経済的な不況だけではなく、あらゆる面で日本の国力の衰えが感じられる昨今ではあるが、このような動きがその積極的な回復に繋がるのであるまいか。ひとりの日本人として著者もまた、この動向を加速させるため力を尽くしたいと考えている。

本書と後に続く「小失敗シリーズ」が、その一助となれば、著者としてそれに勝る喜びはない。

さて、初版をお待ちの方には一目瞭然であるが、読者、友人、知人からのご教示を受け、これまで五〇を超える個所の訂正を行なった。

これにより内容に関しては、充分な自信を持つことができ、文庫版を世に送り出す次第である。

三野　正洋

解説

本書「日本軍の小失敗の研究」が初めて世に出たのは一九九五年一〇月であるから、すでに三〇年近く前のことになる。

題名に〝小失敗〟と付けたのは、当時にあって算出方法によって違いはあるものの、約五〇倍と思われる国力を有するアメリカに対して戦争を仕掛けたことが〝大失敗〟であった事実によっている。

したがって国力の差とは異なった部分における大日本帝国の失敗を、どうしても自分なりに検討したかったのである。

例えば本書の中でも述べているが、有名な零戦を始めとする海軍の軍用機に関して、大規模な航空機製造工場を建設、運用していながら、隣接する飛行場を建設しなかっためにに、完成した航空機をいったん分解して牛車（ぎゅっしゃ　牛の引く車）に載せ、遠く離れた飛行場まで運び、そこで再度組み立てようやくテスト飛行にこぎ着けるという、見方によればあまりに漫画的とも見える方法をとっていたこと、工場建設のさい、軍上層部、企業の役員など誰一人として飛行場の設置を考慮しなかったのであろうか。さらに陸軍の戦闘機は独自に始動できるシステムを持っていなかったため、トラック改造の起動車、あるいはエンジン始動車という特殊な自動車に頼らなければエンジンをかけられないこと、など信じがたい技術的怠慢が存在した。このような実態を知ると、零戦と一式戦闘機隼と、たんに諸外国の戦闘機との性能の比較など無意味のような気さえしてくる。データ以前に周辺の条件の差が問われているのであった。

これらはいずれも国力以外の怠慢が、積み重なった上の失敗と呼べるのであった。

このような失敗を集めた本書は、思いもかけない反響を呼び、すぐに重版を重ね、文庫はもちろんムックまで出版されている。

さらに執筆の時点では戦史、兵器に興味を持つ読者が多いと思われたが、実はもっとも熟読されたのは企業の経営者と地方自治体の幹部であった。自分の所有する会社や自治体の現状、近い将来の発展ために、本書が指摘する小失敗の例が活かせるのではないか、と考えられたようで、著者が多くの会社幹部を対象とした講演会に呼ばれたことも一度や二度ではない。

このように読者の対象が、著者の考えていた分野と大きく異なったが、ある意味日本の企業や地方自治体のお役に立てたことが、著者を大いに喜ばせたのである。

それから長い月日が経ていながら、現在に至るも重版されるとともに、新しい読者を生んでいる。戦後のわが国は多少の制限はあるものの、発言の自由度は高く、市民は広く自分の発言が守られ、それは比較的良い方向に向かい社会は少しずつ〝小失敗〟を減らすことに成功しているように思える。

しかし個人個人の場合と同じく、失敗のない人生などあり得ず、どのような事柄に関してもそれを改善していく努力は続けられなくてはならない。

これはまた個人の人生だけではなく社会、政治、経済、企業など社会全体に対して言えることである。

時間に余裕のあるとき、ちょっと周囲を見回してみよう。身近にある小失敗を学び、それを修正、見直し、その結果改良、準備するべき、あるいはやっておくべき事柄はいくつも見つかる。その努力は必ず報いられるはずで、時には周囲の安全に寄与するだけではなく、社会の進歩に貢献し、努力した者に経済的な利益を与える場合さえある。

現実に一つの例を挙げてみよう。我が国は言うまでもなく、世界でも有数な地震大国である。数年ごとに地域を問わず、大地震が発生し、大規模戦争と似たような被害を国民にもたらしている。

それにもかかわらず国や自治体の対策が改善されていない事実は、一つの失敗といって良い。一例を挙げよう。大規模地震のたびに問題となるのが、被災地の水不足である。特に高齢者がやかんやポリタンクを手に、長々と給水車の前に並ぶ光景に胸が痛む。これを見た時、まずすべての自治体が、日頃から必ず一定量の飲料水だけでも十分確保しておくことだけでも、災害時に国民を救うことにならないだろうか。

加えて公共交通機関、つまり大きな駅についても、これを法的に義務付けたい。さらに個人的にも災害に備えて、水の確保を義務付ける。一つの対策として、家庭用の風呂の水利用である。入浴後の風呂の水をすぐに捨てず、次の入浴直前まで確保しておく。これだけで大きな災害対策となる。家庭用の飲料にはならないものの少なくとも二〇〇リットルが維持されることになるのである。

さらに筆者は政府主導で、高性能の濾過機能を備えた簡易濾過ユニットの開発と各戸への配布を提案したい。風呂水をこの濾過機を通して、飲料、料理用に使えるように清浄化する。さらに必要なら雑菌を殺す薬剤を加える。

これがあれば、災害発生一週間ほどの期間、水に困ることはない。政府主導が無理であれば、関連企業へこの簡易濾過器の開発と発売を提案したい。どの家庭でも、これが準備されていれば、一応の生活は維持できる。災害の被害者が揃って口をそろえるのは、電気よりも水の必要性なのである。蛇足ながら著者がはるかに若かったら、この濾過機の開発、量産、販売の企業を立ち上げたいと思うほどなのである。

戦争、災害に関しあらかじめ予想される困難な問題について、対策を考えておくことは小失敗を防ぐ最良の方法と言えよう。

本書はあくまでも戦争のさいの失敗を論じているが、現在の日本に関して言えば、可能性として戦争、紛争よりも災害の方が遭遇する確率が数段高い。

航空機工場には滑走路が必要なのと同様に、地震にはあらかじめ出来る限りの対策が必要なのである。公共機関の飲料水の大量確保、家庭用風呂水の活用など国民の安全になによりも役立つのではあるまいか。

だいぶ横道に逸れてしまったが、結局小失敗の研究は〝危機管理〟に直結する。想定できるかぎり少しでも平穏な生活の維持こそ、国民の望むところなのである。

拘るようだが、現在の日本は大戦争に巻き込まれる可能性は高いとは言えないようだが、巨大地震に襲われる可能性は明日にも考えられる。人口、面積からいってそれほど広いとは言えない能登地震でもあれほどの被害を生じ、広義の救援活動は充分とは言い難かった。

万一大都市直下で大地震が発生した時、万全な対策などあり得ないが、少しでも人命を救い、安全な生活維持のため、小失敗を掘り起こし、そのための対策を立案、実践すべきではないだろうか。その第一歩として身近なところから考え、見直していきたい。

そのために本書が少しでも役に立つのであれば、執筆、出版した意義は極めて大きいと言える。ご愛読をお願いしたい。

二〇二四年五月

三野　正洋

〈＊参考文献順不同〉＊「造船士官の回想」上・下　堀元美　朝日ソノラマ＊「液冷戦闘機・飛燕」渡辺洋二　朝日ソノラマ＊「東京奇襲」T・W・ローソン／野田昌宏　朝日ソノラマ＊「第二次世界大戦事典」E・A・ホイール他／石川・他　朝日ソノラマ＊「二十世紀の戦争」三野・田岡・深川　朝日ソノラマ＊「日本の海軍」躍進編　池田清　朝日ソノラマ＊「本土防空戦」渡辺洋二　朝日ソノラマ＊「君は第二次大戦を知っているか」中野五郎　光人社＊「世界の軍用銃」ミリタリーイラストレイテッド　ワールドフォトプレス＊「大砲撃戦」第二次大戦ブックス　サンケイ新聞出版局＊「米英ソ秘密兵器」第二次大戦ブックス　サンケイ新聞出版局＊「海軍おもしろ話」戦中編　生出寿　徳間文庫＊「零式戦闘機」吉村昭　新潮社＊「日本軍用機の全貌」酣燈社＊「兵器と戦術の世界史」金子常規　原書房＊「兵器大図鑑」日本の戦史別巻　毎日新聞社＊「連合艦隊の最後」伊藤正徳　文藝春秋社＊「第二次大戦航空史話」上・中・下　秦郁彦　光風社出版＊「太平洋戦争航空史話」上・下　秦郁彦　冬樹社＊「暗号　原理とその世界」長田順行　ダイヤモンド社＊「大西洋戦争」上・下　R・ペイヤール／長塚隆二　早川書房＊「第二次世界大戦通史」加登川幸太郎監修　原書房＊「第二次大戦事典」日誌・年表　P・ヤング／加登川・他　原書房＊「第二次大戦のアメリカ軍艦」「近代戦艦史」「近代巡洋艦史」「日本航空母艦史」「日本潜水艦史」以上「世界の艦船」別冊　海人社＊「日本航空機辞典」一九一〇〜一九四五　モデルアート別冊　モデルアート社＊「銃　ハンドガン」「戦車」「戦艦」「航空母艦」「航空機　第二次大戦まで」以上／万有ガイドシリーズ　小学館＊「世界の戦車・メカニックブックス」K・マクセイ／林憲三　原書房＊「日清戦争」藤村道生　岩波新書＊「日中開戦」北博昭　中公新書＊「世界の歴史　第一次大戦後の世界」江口・他　中公文庫＊「昭和の歴史4　一五年戦争の

開幕」江口圭一　小学館＊「昭和の歴史5　日中全面戦争」藤原彰　小学館＊「世界の歴史12　二十世紀の世界」宍戸・他　社会思想社＊「潜水艦戦争一九三九～一九四五」R・ペイヤール／長塚隆二　早川書房＊「零戦　日本海軍航空小史」堀越二郎・他　日本出版協同社＊「第二次大戦米国海軍作戦年誌」米海軍／史料調査会　出版協同社＊「日本の軍艦」堀元美　出版協同社＊「大本営参謀の情報戦史」堀栄三　文藝春秋社＊「昭和史　事件・世相・記録事典」昭和史研究会　講談社＊「昭和一六年夏の敗戦」猪瀬直樹　文春文庫＊「失敗の本質　日本軍の組織論的研究」戸部、寺本、他中公文庫＊「ノモンハン・ハルハ河戦争」国際学術シンポジウム全記録　原書房＊「一下級将校の見た帝国陸軍」山本七平　朝日新聞社＊「五〇年目の『日本陸軍入門』」歴史探険隊　文春文庫＊「零戦の真実」坂井三郎　講談社＊「ノモンハン」上・下　五味川純平　文春文庫＊「日中戦争」森金千秋　図書出版社＊「アジアの戦争　日中戦争の記録」E・スノー／森谷巌　筑摩叢書＊「船舶砲兵」駒宮真七郎　出版協同社＊「帝国陸軍の最後」一～五　伊藤正徳　角川文庫＊「日本陸軍の栄光と最後」丸別冊／戦争と人物4　潮書房＊「日本陸軍史」日本の戦史別冊　毎日新聞社＊「防衛白書」平成六年版　防衛庁＊「世界の特殊部隊」土井寛　朝日ソノラマ＊雑誌「丸」記事　潮書房＊雑誌「パンツァー」記事　サンデーアート＊雑誌「戦車マガジン」記事　デルタ出版＊雑誌「世界の艦船」記事　海人社＊雑誌「航空情報」記事　酣燈社＊「世界大百科事典」全三十三巻　平凡社

新装版　平成十七年五月　光人社刊

NF文庫

日本軍の小失敗の研究　新装解説版
二〇二四年六月二十四日　第一刷発行
著　者　三野正洋
発行者　赤堀正卓
発行所　株式会社　潮書房光人新社
〒100-8077　東京都千代田区大手町一-七-二
電話／〇三-六二八一-九八九一㈹
印刷・製本　中央精版印刷株式会社
定価はカバーに表示してあります
乱丁・落丁のものはお取りかえ致します。本文は中性紙を使用
ISBN978-4-7698-3363-5　C0195
http://www.kojinsha.co.jp

NF文庫

刊行のことば

第二次世界大戦の戦火が熄んで五〇年——その間、小社は夥しい数の戦争の記録を渉猟し、発掘し、常に公正なる立場を貫いて書誌とし、大方の絶讃を博して今日に及ぶが、その源は、散華された世代への熱き思い入れであり、同時に、その記録を誌して平和の礎とし、後世に伝えんとするにある。

小社の出版物は、戦記、伝記、文学、エッセイ、写真集、その他、すでに一、〇〇〇点を越え、加えて戦後五〇年になんなんとするを契機として、「光人社NF（ノンフィクション）文庫」を創刊して、読者諸賢の熱烈要望におこたえする次第である。人生のバイブルとして、心弱きときの活性の糧として、散華の世代からの感動の肉声に、あなたもぜひ、耳を傾けて下さい。

潮書房光人新社が贈る勇気と感動を伝える人生のバイブル

NF文庫

写真 太平洋戦争 全10巻 〈全巻完結〉

「丸」編集部編

日米の戦闘を綴る激動の写真昭和史——雑誌「丸」が四十数年にわたって収集した極秘フィルムで構築した太平洋戦争の全記録。

日本海軍仮装巡洋艦入門 日進・日露戦争から太平洋戦争まで

石橋孝夫

武装した高速大型商船の五〇年史——強力な武装を搭載、船団護衛、通商破壊、偵察、輸送に活躍した特設巡洋艦の技術と戦歴。

手榴弾入門

佐山二郎

近接戦闘で敵を破壊し、震え上がらせる兵器。手榴弾を含む全ての手投弾を精密図で解説した決定版。各国の主要手榴弾も収載。

新装解説版 日本軍の小失敗の研究 勝ち残るために太平洋戦争の教訓

三野正洋

人口二倍、戦力二倍、生産力二〇倍のアメリカと戦った「日本軍」という巨大な組織の失策の本質を探る異色作。解説/三野正洋。

新装解説版 グラマン戦闘機 零戦を駆逐せよ

鈴木五郎

グラマン社のたゆみない研究と開発の過程を辿り、米国的戦法の合理性を立証した戦闘機を図版写真で徹底解剖。解説/野原茂。

決定版 零戦 最後の証言 1

神立尚紀

大空で戦った戦闘機パイロットの肉声——零戦の初陣から最期までを知る歴戦の搭乗員たちが語った戦争の真実と過酷なる運命。